Johnny Ball

Von null bis unendlich

Die geniale Welt der Mathematik

DORLING KINDERSLEY

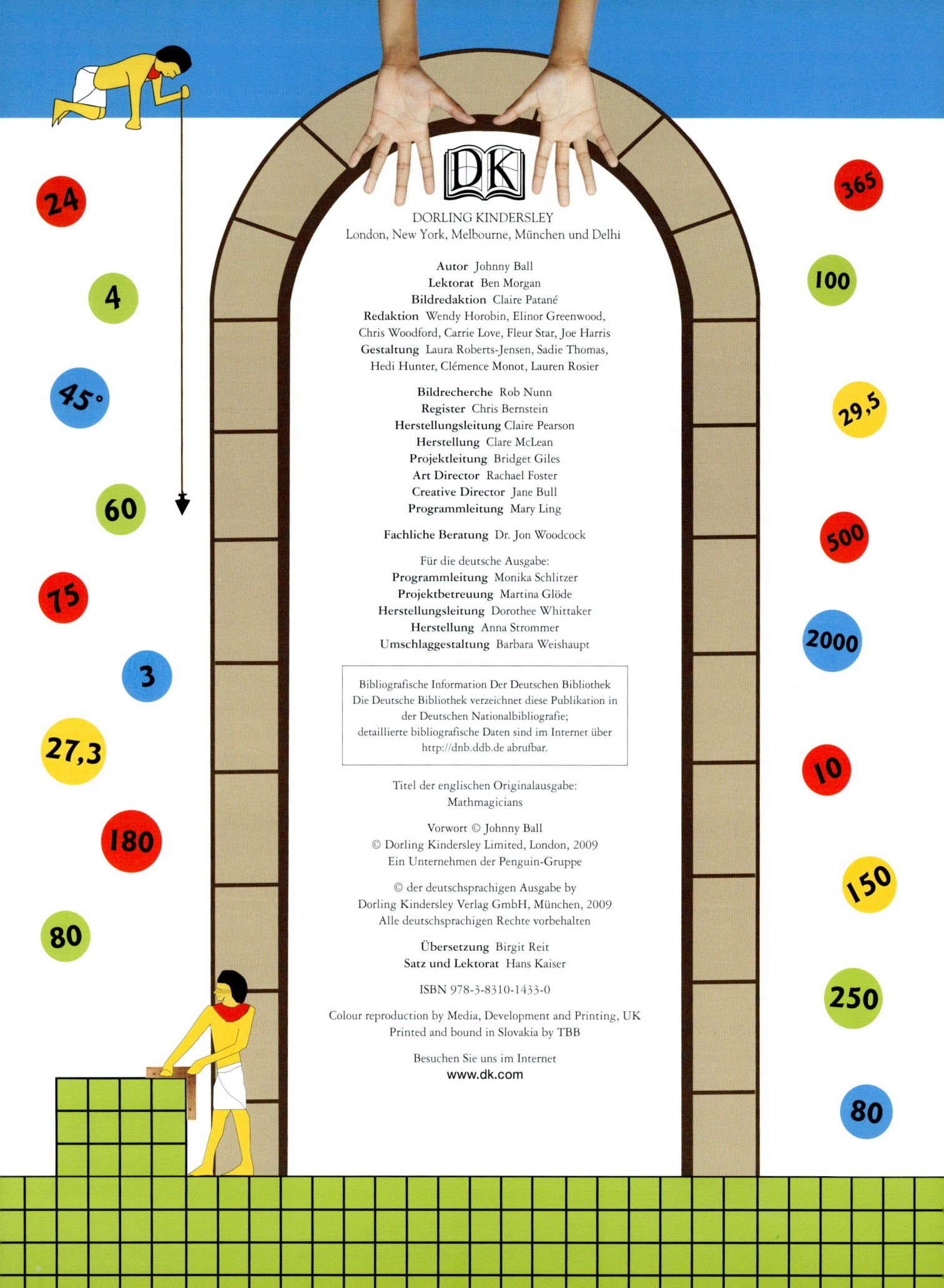

DK

DORLING KINDERSLEY
London, New York, Melbourne, München und Delhi

Autor Johnny Ball
Lektorat Ben Morgan
Bildredaktion Claire Patané
Redaktion Wendy Horobin, Elinor Greenwood,
Chris Woodford, Carrie Love, Fleur Star, Joe Harris
Gestaltung Laura Roberts-Jensen, Sadie Thomas,
Hedi Hunter, Clémence Monot, Lauren Rosier

Bildrecherche Rob Nunn
Register Chris Bernstein
Herstellungsleitung Claire Pearson
Herstellung Clare McLean
Projektleitung Bridget Giles
Art Director Rachael Foster
Creative Director Jane Bull
Programmleitung Mary Ling

Fachliche Beratung Dr. Jon Woodcock

Für die deutsche Ausgabe:
Programmleitung Monika Schlitzer
Projektbetreuung Martina Glöde
Herstellungsleitung Dorothee Whittaker
Herstellung Anna Strommer
Umschlaggestaltung Barbara Weishaupt

Bibliografische Information Der Deutschen Bibliothek
Die Deutsche Bibliothek verzeichnet diese Publikation in
der Deutschen Nationalbibliografie;
detaillierte bibliografische Daten sind im Internet über
http://dnb.ddb.de abrufbar.

Titel der englischen Originalausgabe:
Mathmagicians

Vorwort © Johnny Ball
© Dorling Kindersley Limited, London, 2009
Ein Unternehmen der Penguin-Gruppe

© der deutschsprachigen Ausgabe by
Dorling Kindersley Verlag GmbH, München, 2009
Alle deutschsprachigen Rechte vorbehalten

Übersetzung Birgit Reit
Satz und Lektorat Hans Kaiser

ISBN 978-3-8310-1433-0

Colour reproduction by Media, Development and Printing, UK
Printed and bound in Slovakia by TBB

Besuchen Sie uns im Internet
www.dk.com

In meinem ersten Buch für Dorling Kindersley, *Die verrückte Welt der Zahlen,* ging es um die faszinierende Herkunft der Zahlen und darum, wie viele Überraschungen, Tricks und Spaß sie in sich bergen. Ein wenig streifte ich darin auch die seltsame und wunderbare Welt der modernen Mathematik.

Zahlen wollen jedoch benutzt werden: Wir brauchen sie nicht nur zum Zählen, sondern auch zum *Messen.* Ohne Messungen könnten wir weder planen noch bauen. Es gäbe keine Forschung und keine wissenschaftlichen Erkenntnisse. Die Naturwissenschaft ist zwar oft kompliziert, aber ich will in diesem Buch zeigen, dass mithilfe der Mathematik plötzlich vieles ganz sonnenklar wird.

Am Beginn steht eine Zeitreise zu den Anfängen der Mathematik und der Messungen. Ich stelle einige kluge Menschen vor, die im Lauf der Geschichte mit Zahlen zauberten, um die Geheimnisse der Erde und des Universums zu ergründen, und gelange dabei bis in die heutige Zeit. Inzwischen gibt es unglaublich einfallsreiche Methoden, mit denen wir fast alles messen können.

Ich hoffe, dass der Funke meiner Begeisterung für Mathematik und die Naturwissenschaften überspringt, denn dann wirst du wie ich den Drang verspüren, ein Leben lang immer mehr zu erfahren und zu verstehen. Ich finde, das ist eine der besten Lebenseinstellungen, die es gibt.

INHALT

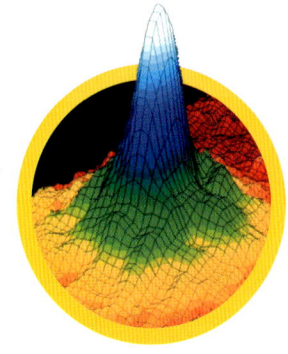

DIE ERDE

Wirtschaft & Finanzen

DER ÖLPREIS STEIGT

Der Erdölpreis ist in dieser Woche erneut gestiegen. Ein kurzer Schuss aus dem Benzinhahn kostet nun 1 €, ein mittlerer 1,50 € und ein ausgiebiger Schuss 2 €. An allen Tankstellen streiten sich Kunden und Tankwarte über die Bedeutung der Begriffe kurz, mittel und ausgiebig. In der Nähe von München füllte indes ein Bauer seinen Milchlastwagen mit einem einzigen ausgiebigen Druck auf den Benzinhahn für nur 2 € und leerte damit die Vorratstanks der Tankstelle komplett.

Im Zickzack ans Ziel

CHAOS

Bericht: **Gerd Holzweg**

Eine neue Straße mit zahlreichen seltsamen Kurven löst starke Kontroversen aus. Bauingenieur Leo Heinz erklärt das Problem: „Wir wissen nicht genau, wie lang eine Straße sein muss. Wenn wir richtig schätzen, wird sie gerade. Wenn nicht, müssen wir Kurven anlegen, damit die Straße zwischen zwei Städte passt. Wenn wir uns stark irren, schütten wir zusätzlich Hügel auf."

Das Wetter

Morgen: Es wird regnen, aber es ist schwer zu sagen, wie viel.

Übermorgen: sonnig und einigermaßen warm.

Überübermorgen: Es wird ziemlich heiß werden.

Überüberübermorgen: glühende Hitze!

DAS HÖCHSTE GEBÄUDE?

Bericht: **Willi Winzig**

Um endlich festzustellen, welches das höchste Gebäude der Welt ist, werden die zehn am höchsten aussehenden Wolkenkratzer womöglich nebeneinandergestellt. Sie sollen vorsichtig abgebaut, in die USA verschifft und dort wieder aufgebaut werden. Sobald der Gewinner ermittelt ist, werden die Gebäude erneut abgebaut und an ihren Ursprungsort zurückversetzt. Die Regierungen beraten noch, wer die ebenfalls rekordverdächtigen Kosten übernehmen soll.

HEUTE

SPORT & FREIZEIT

Wäre es bloß vorbei!

Bericht: Michael Ball

Das vermutlich längste Fußballspiel der Welt – England gegen Brasilien – ist wohl noch lange nicht zu Ende. Da wir die Zeit nicht messen können, weiß niemand genau, wie lange das Spiel schon dauert, wann es enden soll oder wann die erste Halbzeit vorüber ist. Beim Anpfiff waren alle Spieler ungefähr 20 Jahre alt. Mittlerweile können sich die meisten nicht mehr ohne Rollstuhl oder Gehstock bewegen. Ein besonders alter Spieler drohte bereits, den Ball kaputt zu machen, um endlich nach Hause gehen zu können. Etwa 3000 Zuschauer starben inzwischen an Altersschwäche, weitere 1500 an Langeweile. Der aktuelle Spielstand ist 76 100 zu 75 789 für England.

Die drei jüngsten Spieler Englands kommen noch ohne Rollstuhl aus.

Was für ein TOLLER Fang!

Hans Haken und sein Riesenfisch

Dem Fischer Hans Haken gelang gestern ein stolzer Fang. Er habe schon viele große Fische gefangen, aber dieser sei *wirklich* riesig, sagte er. Ob es sein größter ist, weiß er allerdings nicht: Er hat alle verspeist und kann sie daher nicht mehr vergleichen. Auch ob der Fisch schwerer ist als er selbst, kann er nicht sagen, weil er sein Gewicht nicht kennt.

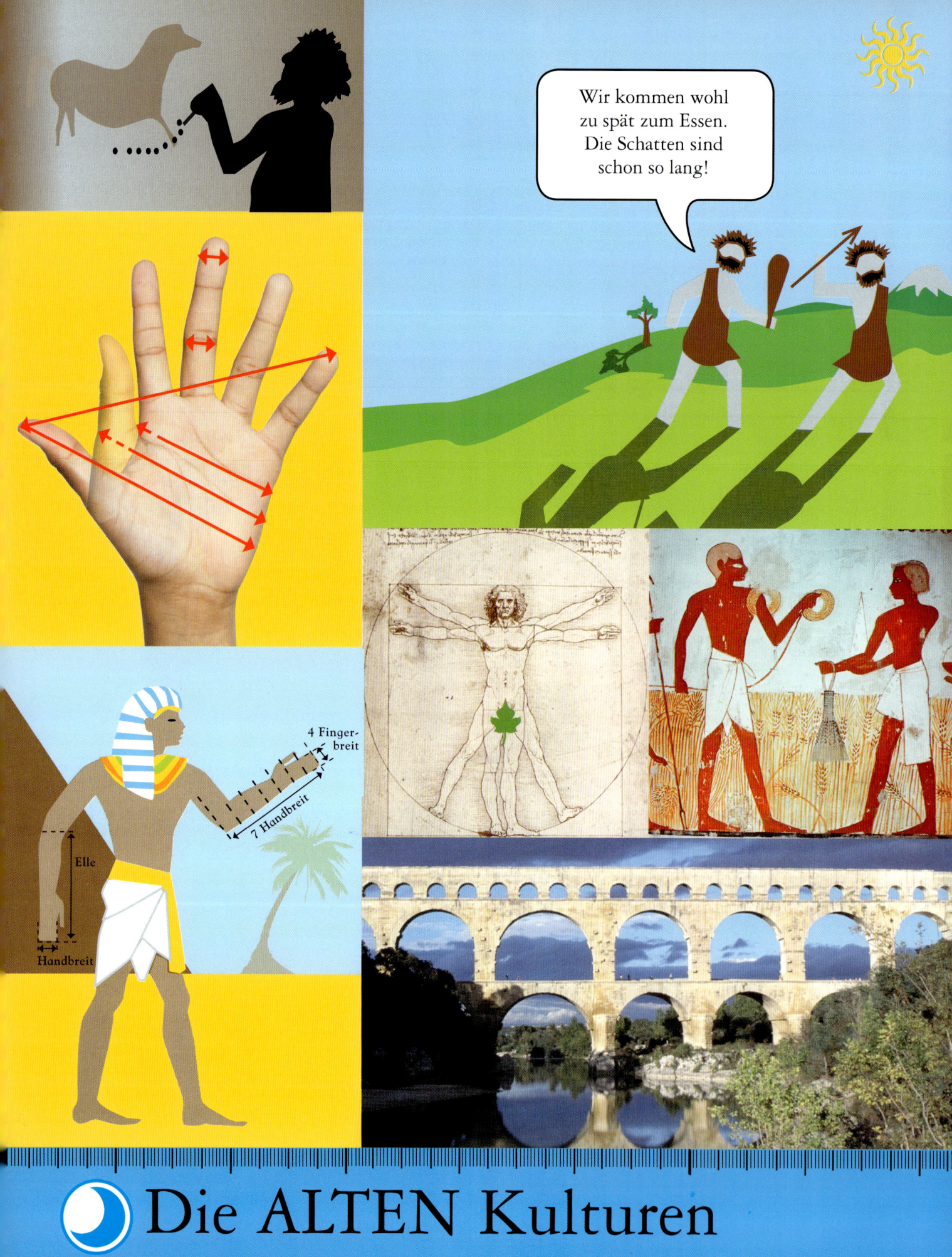

Die ALTEN Kulturen

Wozu sollte man die *Dinge* messen?

Nun, anfangs machte sich niemand diese Mühe. Man schätzte einfach, wie spät oder welche Jahreszeit es gerade war, wie lange man für einen bestimmten Weg brauchen würde, oder wie viele Nahrungs- oder Holzvorräte angelegt werden mussten. Sogar das Alter wurde lange Zeit nur geschätzt.

Im Lauf der Zeit wurden die Menschen jedoch klüger. Sie beobachteten die Sonne und die Sterne und erkannten, dass man so die Zeit messen konnte. Als sie Handel zu treiben begannen, erfanden sie Methoden zum Wiegen der Waren. Sie überlegten sich, wie man WINKEL, HÖHEN und LÄNGEN messen konnte, und erbauten mit diesem Wissen Paläste, Tempel und Gräber.

Je mehr sie maßen, desto klüger wurden sie. Vor mehr als 2000 Jahren hatten die Menschen der frühen Hochkulturen bereits herrliche Städte und mächtige Reiche errichtet. Sie wussten, wie groß die Erde und wie weit weg der Mond war – *alles dank der Mathematik.*

Dieses Buch erzählt, wie ihnen das alles gelang.

MONDE und *Monate*

Die alten Völker maßen Entfernungen nicht nach Kilometern, sondern nach der Zeit, die sie brauchten, um an einen Ort zu gelangen. Ein Fluss oder Berg war z. B. „zwei Tage Fußmarsch" entfernt, ein anderer vielleicht „bis Sonnenuntergang" zu erreichen. Die Menschen beobachteten die Sonne auf ihrem Weg über den Himmel und schätzten an der Länge der Schatten ab, wie lange es noch hell sein würde.

> Wir kommen wohl zu spät zum Essen. Die Schatten sind schon so lang!

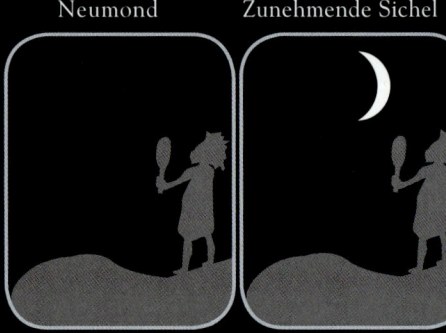

Neumond   Zunehmende Sichel

Um längere Zeiträume zu messen, mussten die Menschen die Tage zählen. Uns erscheint das sehr einfach, für die ersten Menschen war es das nicht.

> Igitt! Die Erdbeeren sind noch lange nicht reif. Kommen wir in zwei Monden wieder!

Nützlich war es, die Vollmonde zu zählen. Angenommen, die Steinzeitleute kamen auf ihren Wanderungen an einem Obstbaum oder einem Beerenstrauch vorbei. Waren die Früchte noch nicht reif, kehrten sie später wieder zurück, wenn der Mond ein bestimmtes Stadium in seinem Zyklus erreicht hatte. Vielleicht wussten sie auch schon, dass jede Jahreszeit etwa drei Monde dauerte. So hätten sie bereits grob die Einteilung des Jahres gekannt.

In einem Jahr ist meist 12-mal Vollmond.

Wie lange ist ein Monat?

Ein Monat ist ungefähr die Zeit, die der Mond braucht, um die Erde einmal zu umkreisen. Der Mond ändert scheinbar seine Form, weil sich seine Position in Bezug zu Erde und Sonne verändert, sodass seine Oberfläche mehr oder weniger von der Sonne beleuchtet wird. Genau gemessen dauert eine Umkreisung 27,3 Tage. Diesen Zeitraum nennt man einen „siderischen Monat". Die Zeit zwischen zwei Neumonden ist jedoch ein wenig länger, nämlich 29,5 Tage. Der Unterschied kommt daher, dass die Erde nicht stillsteht, sondern selbst um die Sonne kreist. Der Mond ist also nach jeder vollen Umkreisung noch fast zwei Tage unterwegs, bis er wieder zum Neumond wird.

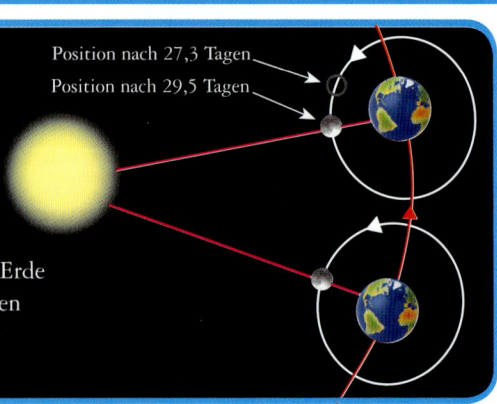

Position nach 27,3 Tagen
Position nach 29,5 Tagen

In welche Richtung breitet sich während des Mondzyklus der Schatten über den Mond aus?

Schon lange, bevor es Uhren gab, zählten unsere Vorfahren in der Steinzeit die Tage und beobachteten die Sonne, den Mond und die Sterne. Die Zeit war eines der ersten Dinge, die die Menschen zu messen versuchten.

| Halbmond | Zunehmender Mond | Vollmond | Abnehmender Mond | Halbmond | Abnehmende Sichel |

Da sie nur zehn Finger hatten, war es für sie sehr schwer, größere Zahlen zu erfassen. Aber sie fanden eine andere Möglichkeit, die längeren Zeiträume, die wir heute als Wochen und Monate bezeichnen, zu zählen:

Sie beobachteten den Mond. Schon unsere Vorfahren bemerkten, dass er im Lauf der Tage langsam von einer dünnen Sichel zu einer runden Scheibe (Vollmond) wächst und wieder abnimmt.

Später kamen die Menschen darauf, dass sie mit zusätzlichen Gedächtnisstützen viel weiter als bis zehn zählen konnten. Manche Völker schnitzten Kerben in Bäume, andere malten Punkte an Höhlenwände oder banden Knoten in Schnüre. Bald erkannten sie, dass ein Mondzyklus immer etwa 30 Tage dauerte. Diesen Zeitraum nennen wir heute „Monat". Man fand heraus, dass ein Jahr zwölf Monate hat. So konnte man durch Multiplikation die Zahl der Tage in einem Jahr ausrechnen: $30 \cdot 12 = 360$. Das ist natürlich nicht ganz richtig, aber für die Steinzeitmenschen reichte es. Erst als die Menschen das Jahr anhand der Sonne und Sterne zu messen begannen, entdeckten sie die genaue Länge des Jahres.

Dazwischen liegen jeweils 29,5 Tage.

Die Sonne verdunkelt den Mond

Auf seinem Weg um die Erde wandert der Mond hin und wieder durch den Schatten der Erde hindurch. Dann beobachten wir eine Mondfinsternis. Wenn der Mond in die dunkle Zone des Erdschattens wandert, nimmt er eine dunkelrote Farbe an. Warum geschieht das nicht jeden Monat? Nun, die Bahn des Mondes ist gegenüber der Umlaufbahn der Erde um die Sonne etwas geneigt, sodass er meist über oder unter dem Erdschatten bleibt. Nur etwa alle neun Jahre trifft er den Schatten und bietet uns das Schauspiel einer Finsternis.

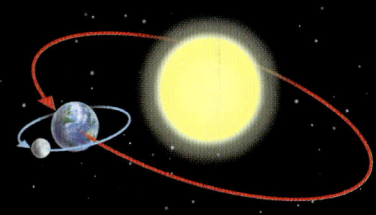

Die Umlaufbahn des Mondes ist gegenüber der Umlaufbahn der Erde um die Sonne etwas geneigt.

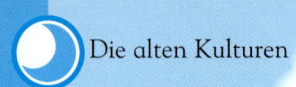

Die frühen Steinzeitmenschen waren damit zufrieden, die Monde zu zählen. Für sie war es noch nicht wichtig, **das Datum genau** zu kennen. Vor etwa 10 000 Jahren ereignete sich jedoch etwas, das es notwendig machte, die Jahreslänge und das Datum ganz exakt zu bestimmen.

Die ersten Menschen achteten nicht besonders auf den Lauf des Jahres, weil sie als Jäger und Sammler in der Wildnis lebten. Sie hatten keinen Kalender, kannten kein Datum und feierten keine Geburtstage. Vor rund 10 000 Jahren erkannten jedoch einige kluge Menschen im Nahen Osten, dass man Nahrung auch selbst anbauen konnte. Sie ließen sich nieder, wurden zu Bauern und ihre Siedlungen entwickelten sich zu den ersten Städten. Um gute Ernten zu erzielen, mussten sie genau zum richtigen Zeitpunkt säen. Von da an strengten sie sich an, die Länge und Einteilung des Jahres ganz genau zu bestimmen.

Die Bauern im alten Ägypten mussten ihre Feldfrüchte im Winter anbauen und ernten, bevor die Felder im Sommer vom Nil überschwemmt wurden. Sie beobachteten, dass der Stern Sirius jedes Jahr an einem bestimmten Tag im Frühsommer zum ersten Mal am Himmel erschien. Sie zählten die Tage, bis im nächsten Jahr Sirius wieder erschien. So entdeckten sie, dass ein Jahr 365 Tage hat.

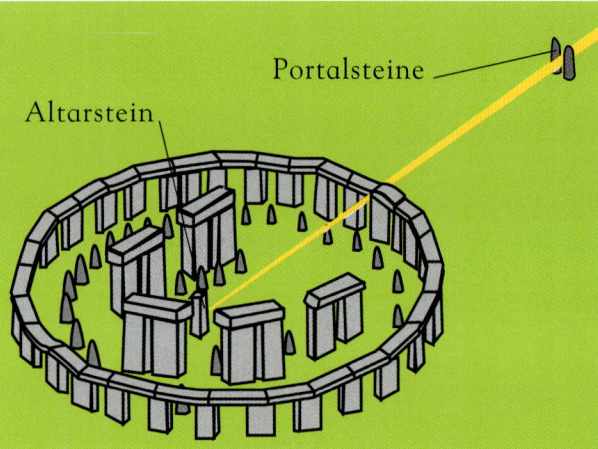

Portalsteine

Altarstein

Zu der Zeit, als die Ägypter ihre Pyramiden bauten, errichteten auch Priester in Europa Sonnentempel, mit denen sie das Datum errechnen konnten. Stonehenge in England war dazu angelegt, den Lauf der Sonne zu verfolgen und den Tag der Sommersonnenwende anzuzeigen. Nur an diesem Tag leuchtete ein Strahl der aufgehenden Sonne genau zwischen den beiden Portalsteinen außerhalb des Steinkreises hindurch auf den Altarstein.

Die alten Völker beobachteten Sonne und Sterne

Wie lange ist ein Jahr?

Ein Jahr bezeichnet den Zeitraum, den es dauert, bis die Erde die Sonne einmal umkreist hat. Jeder weiß, dass es 365 Tage lang ist, aber das stimmt eigentlich nicht: Es ist genau 365,2425 Tage lang. Das Ende eines Tages fällt also nicht exakt mit dem Ende eines Jahres zusammen. Die Erde macht zusätzlich eine Vierteldrehung, die unseren Kalender durcheinanderbringen würde, wenn wir nicht zum Ausgleich alle vier Jahre einen zusätzlichen Tag einfügen würden. Diese Jahre nennt man „Schaltjahre".

Sonne

Erde

SO LANGE DAUERT EIN JAHR

Die Jahreszeiten

> Da ist Sirius wieder, bald habe ich Geburtstag.

Die klugen Ägypter verfolgten den Lauf des Jahres auch an den wandernden Positionen des Sonnenaufgangs. Die Beobachtung des Jahresverlaufs wurde für so wichtig erachtet, dass die Sonne bald sogar als Gott verehrt wurde. Die Männer, die ihre Bewegung verfolgten und das Datum errechneten, wurden Priester und Herrscher. Sie ließen im südägyptischen Karnak einen grandiosen Tempel zu Ehren der Sonne erbauen. Kolossale Säulen wurden so in zwei Reihen angeordnet, dass die Sonnenstrahlen genau am Tag der Wintersonnenwende zwischen ihnen hindurch ins Zentrum des Tempels leuchteten.

> Wie lange noch bis Weihnachten?

Das Volk der Maya in Mittelamerika baute ebenfalls Feldfrüchte an und lernte, den Jahresverlauf genau zu messen. Wie die Ägypter und Europäer erkannten auch sie, dass das Jahr 365 Tage lang ist, und sie bauten Tempel zu Ehren ihres rituellen Kalenders und des Sonnengottes. Die Pyramide von Chichén Itzá in Mexiko hat vier Treppen mit je 91 Stufen und am oberen Ende eine Plattform. Das ergibt 365, also die Länge eines Jahres. Die Maya waren brillante Mathematiker, aber auch extrem abergläubisch. Sie brachten Menschenopfer dar, um die Götter friedlich zu stimmen und ihre Ernte zu schützen. Den Opfern wurde bei lebendigem Leib das Herz herausgerissen.

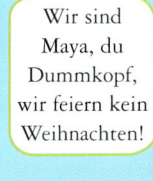

> Wir sind Maya, du Dummkopf, wir feiern kein Weihnachten!

und erkannten: Ein Jahr hat *365 Tage.*

Wie entstehen die Jahreszeiten?

Die Erde steht nicht genau senkrecht zu ihrer Umlaufbahn um die Sonne, sondern sie ist ein wenig geneigt. Wegen dieser Neigung sind im Lauf eines Jahres immer wieder andere Teile der Erde der Sonne stärker zugeneigt, und so entstehen die Jahreszeiten. Auf der Nordhalbkugel ist Sommer, wenn der Nordpol der Sonne zugeneigt ist. Dann ist es dort sonniger und die Tage sind länger. Ist dagegen der Südpol der Sonne zugeneigt, herrscht auf der Südhalbkugel Sommer und im Norden Winter.

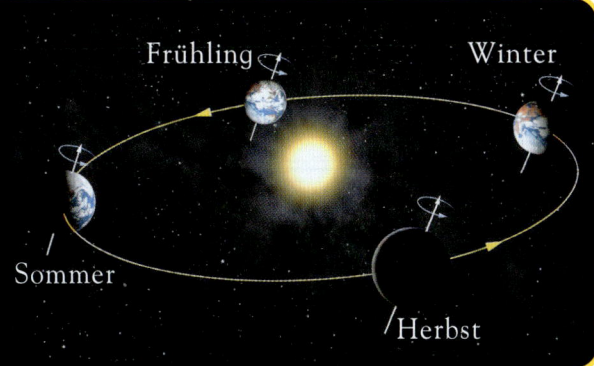

Frühling

Winter

Sommer

Herbst

Einmal. An den Polen herrscht jeweils 6 Monate lang Tageslicht und 6 Monate lang Nacht.

17

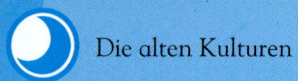

RECHTE Winkel

Die Menschen fanden immer neue Aufgaben für ihre mathematischen Fähigkeiten. Die Ägypter bauten riesige Gräber mit exakt quadratischen Grundflächen und dreieckigen Seitenflächen: die Pyramiden. Dazu mussten sie die Winkelmessung perfektionieren.

Für die Ägypter war der rechte Winkel am wichtigsten. Er beträgt 90° oder ein Viertel eines Kreises. Damit erhält man senkrecht aufeinandertreffende Ecken, die beim Bauen sehr wichtig sind.

Schneller! Ich will mein Grab!

Mit den Steinen der *Cheops-Pyramide* könnte man eine 2 m hohe und 18 cm breite Mauer von Kairo bis zum Nordpol bauen.

DIE CHEOPS-PYRAMIDE

Die 2560 v. Chr. erbaute Cheops-Pyramide war 4000 Jahre lang das höchste Bauwerk der Welt. Ihr Steigungswinkel ist überall genau 52°. Dazu setzten die Ägypter bei jeder Erhöhung um 28 Fingerbreit die Steine 22 Fingerbreit weiter nach innen.

Die Ägypter hatten mindestens drei Werkzeuge für exakte rechte Winkel.

Jeder Steinblock wurde mit der Hand gemeißelt und dann mit einem Winkelmaß geprüft. Die Ecken mussten rechtwinklig sein, damit die Blöcke lückenlos aufeinanderpassten.

Ob die Blöcke eben waren, stellte man mit einem dreieckigen Werkzeug fest, an dem ein Gewicht pendelte. Hing es genau in der Mitte, war der Steinblock gerade.

Die Seiten mussten rechtwinklig zum Boden sein. Die Baumeister prüften das mit einem an einer Schnur hängenden Gewicht, dem Schnurlot.

Die CHEOPS-PYRAMIDE ist das einzige der *sieben Weltwunder*, das noch erhalten ist.

PLANUNG DER GRUNDFLÄCHE

Es war wohl eines der schwierigsten Probleme, die Grundfläche genau quadratisch mit vier exakt rechtwinkligen Ecken zu gestalten. Die Ecken wurden vielleicht mit kleinen Pflöcken und Seilen markiert, wie unten dargestellt. Der Boden musste eingeebnet werden. Dazu zog man möglicherweise mit Wasser gefüllte Gräben und trug den Boden ab, bis er exakt so hoch war wie der Wasserspiegel. Dann füllte man die Gräben wieder mit Erde.

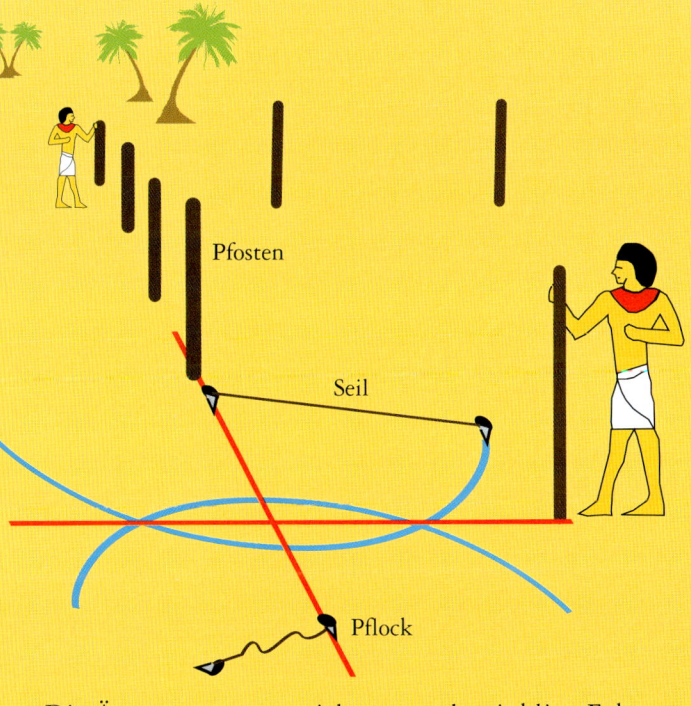

Pfosten

Seil

Pflock

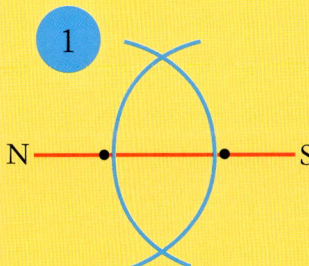

1 Auf einer genau in Nord-Süd-Richtung verlaufenden Linie wurden zwei Punkte markiert. Diese dienten als Mittelpunkte zweier sich überschneidender Kreisbogen.

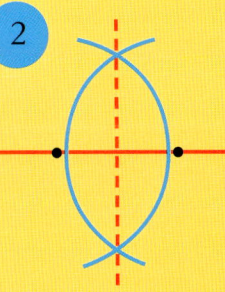

2 Durch die Schnittpunkte wurde wieder eine Linie gezogen, die genau im rechten Winkel zur Nord-Süd-Linie exakt von Westen nach Osten verlief.

Die Ägypter mussten nicht nur rechtwinklige Ecken, sondern auch schnurgerade Seitenlinien konstruieren. Dazu schlugen sie möglicherweise Pfosten in die Erde und prüften mit dem Auge, ob sie genau in einer Linie standen.

Wo ist Norden?

Wenn man die Pyramiden per Satellit aus dem Weltraum betrachtet, so kann man erkennen, dass die Seitenflächen genau in die vier Himmelsrichtungen zeigen. Wie gelang den Ägyptern diese Glanzleistung bereits Jahrtausende, bevor der magnetische Kompass erfunden wurde? Sie legten die Nordrichtung wohl durch die Schatten zur Mittagszeit oder mithilfe des Polarsterns fest. Wenn sie dann eine Linie im rechten Winkel zur Nord-Süd-Richtung zogen, wussten sie, wo Osten und Westen lagen.

Satellitenaufnahme der Pyramiden

FAKTEN

Die Cheops-Pyramide besteht aus 2,3 Millionen Kalksteinblöcken, die bis zu 15 Tonnen wiegen. Sie liegen genau aufeinander – nicht einmal eine Kreditkarte passt dazwischen.

Das Rad war noch nicht erfunden. Die schweren Steinblöcke wurden daher mit Flößen auf dem Nil transportiert und dann auf Schlitten geladen und über speziell angelegte Rampen nach oben gezogen.

Kurz nach ihrer Fertigstellung waren die Pyramiden blendend weiß mit einer ganz glatten Oberfläche, die man unmöglich hinaufklettern konnte. Die Spitze war vergoldet.

Landvermessung

Ägypten liegt in der Wüste Sahara, einem der trockensten und heißesten Landstriche der Erde. Nur der Nil, ein langer Fluss, der durch die Wüste fließt, sorgt für einen schmalen Streifen fruchtbaren Landes. Seit vielen Jahrhunderten säen und ernten die Bauern Weizen an den Ufern des Nils. Das Geheimnis der Fruchtbarkeit lag in der jährlichen Überschwemmung. In den alten Zeiten, bevor Dämme gebaut wurden, trat der Nil in jedem Sommer über die Ufer und überflutete das Land. Nach dem Austrocknen blieb eine dünne, feine Schlammschicht zurück, die den Boden düngte.

Der Nil bringt Wasser in die Wüste. An seinen Ufern gedeihen üppige Pflanzen.

12
13

Ein Dreieck mit 5, 12 und 13 Einheiten Seitenlänge bildet immer einen rechten Winkel.

5

Da die jährliche Überschwemmung der Nilufer auch die Feldgrenzen wegspülte, wurde das Land immer neu vermessen. Diese Aufgabe war sehr verantwortungsvoll. Die Bauern mussten die Größe ihrer Felder genau kennen, da die Steuern an die Herrscher nach der Fläche bemessen wurden. Die Bauern benutzten lange Seile mit Knoten in regelmäßigen Abständen. Sie streckten sie zu Dreiecken, wobei sie die Knoten an jeder Seite zählten, um die richtige Form zu erhalten. Dann steckten sie Pflöcke in die Ecken.

5
4
3

Die Bauern wussten, dass Dreiecke mit den Seitenlängen 3, 4 und 5 Einheiten immer einen rechten Winkel bildeten, ebenso wie Dreiecke mit den Seitenlängen 5, 12 und 13. Legte man nun zwei rechtwinklige Dreiecke aneinander, erhielt man ein rechteckiges Feld mit bekannter Fläche. So konnten die Bauern das Land schnell und einfach in Rechtecke einteilen, indem sie jeweils einen Pflock herauszogen und mit dem Seil ein neues Dreieck bildeten.

Haben wir einen rechten Winkel?

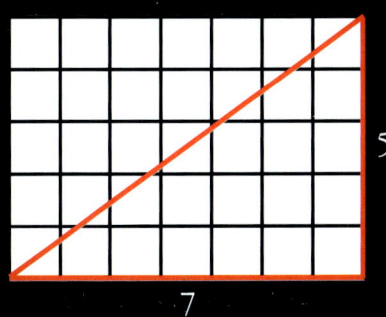

Flächen messen

Die meisten Felder waren wohl Rechtecke. Aber wie rechneten die Steuereintreiber bei unregelmäßigen Äckern aus, welche Fläche sie besteuern konnten? Auch das wäre mit etwas Geschick anhand von Dreiecken möglich gewesen.

Diese Darstellung zeigt Bauern, die mit einem Knotenseil ein Weizenfeld vermessen.

1 Jede Form mit geraden Seiten lässt sich mithilfe gerader Linien in rechtwinklige Dreiecke einteilen.

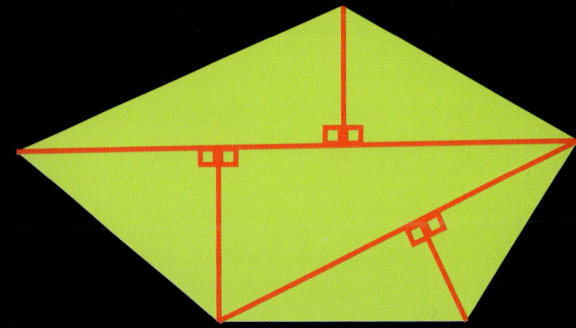

2 Anschließend rechnet man die Fläche jedes Dreiecks aus. Das ist leicht, weil rechtwinklige Dreiecke halbe Rechtecke sind.

5

7

3 Man multipliziert die Länge mit der Breite und halbiert das Ergebnis. Dann addiert man alle Dreiecksflächen.

$$5 \cdot 7 = 35 \qquad 35 : 2 = 17,5$$

KNOBELEI

Versuche, mit der oben beschriebenen Methode die Fläche dieses Vierecks auszurechnen. Jedes Kästchen soll ein Quadratzentimeter sein. Die Lösung findest du ganz hinten im Buch.

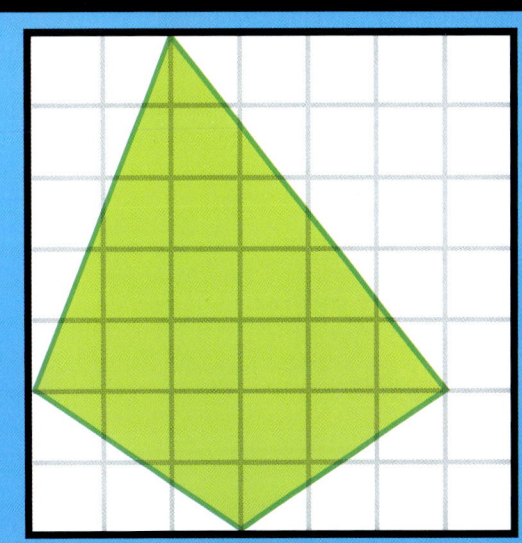

Nein, ich glaube nicht.

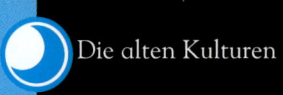

WINKEL MESSEN

Die Sternbeobachter im alten Babylon (heute Irak) bemerkten, dass die Sterne jede Nacht an einer etwas anderen Stelle aufgehen und dabei im Lauf eines Jahres einen Kreis beschreiben. Die winzigen täglichen Veränderungen nannten sie „Grade". Weil das Jahr nach dem babylonischen Kalender etwa 360 Tage hatte, teilten sie den Kreis auch in 360 Grade. Wir benutzen diese Einheit heute noch zum Messen von Winkeln, die ja nichts anderes sind als Teile eines Kreises.

Minuten und Sekunden

Die Babylonier maßen die Winkel der sich bewegenden Sterne ziemlich genau. Sie teilten jeden Grad in 60 „Minuten" und jede Minute in 60 „Sekunden". Das System verwenden wir heute noch – nicht nur für Winkel, auch für die Zeit. Warum aber 60 und nicht 10 oder 100? Vielleicht zählten die Babylonier nicht mit den Fingern, sondern mit Fingerabschnitten. Wenn die eine Hand dazu diente, sich die Zählungen an der anderen Hand zu merken, konnten sie mit beiden Händen zusammen genau bis 60 zählen.

Die alten Griechen

Durch Sternbeobachtung, Pyramidenbau und Landvermessung lernten die Ägypter viel über Winkel und Dreiecke. Ihr Wissen gaben sie an die Kultur des antiken Griechenlands weiter. Die Griechen entwickelten diese Erkenntnisse sogar noch weiter und begründeten einen ganz neuen Zweig der Mathematik: die Geometrie („Vermessung der Erde").

DREIECKE UND QUADRATE

Pythagoras, einer der größten Mathematiker aller Zeiten, war fasziniert von den rechtwinkligen Dreiecken, mit denen die Ägypter ihr Land vermaßen. Die Ägypter wussten, dass Dreiecke mit Seitenlängen von 3, 4 und 5 oder 5, 12 und 13 Einheiten einen rechten Winkel bilden. Pythagoras zeichnete Quadrate auf deren Seiten und stellte fest: Die Flächen der beiden kleineren Quadrate ergeben zusammen die Fläche des größten Quadrats. Euklid, ein anderer Grieche, führte später den logischen Beweis, dass dies für alle rechtwinkligen Dreiecke gilt. Er hatte ein mathematisches Gesetz entdeckt.

Pythagoras machte die Mathematik zu einer Art Religion. Seine Anhänger gaben sich durch geheime mathematische Codes zu erkennen. Sie glaubten, dass alles – vom Lauf der Sterne bis zum Klang der Musik – mathematischen Mustern folgte.

$9 + 16 = 25$

16   4   5   25   3   9

$25 + 144 = 169$

144   12   13   5   169   25

Kein Schatten eines Zweifels: Ich bin so groß wie mein Schatten.

Dreieck-Tricks

Der griechische Mathematiker Thales entwickelte anhand seiner Kenntnisse über Dreiecke eine Methode, Höhen zu ermitteln, ohne irgendwo hinaufsteigen zu müssen. Er wartete, bis die Länge seines Schattens genau seiner Körpergröße entsprach. Dann haben nämlich alle Dinge – auch Bäume oder Tempel – ebenfalls Schatten, die ihrer Höhe entsprechen. Er maß den Schatten und wusste, wie hoch sie waren.

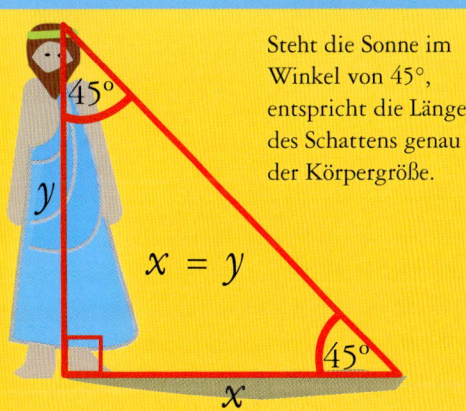

Steht die Sonne im Winkel von 45°, entspricht die Länge des Schattens genau der Körpergröße.

$x = y$

Thales' Trick funktionierte, weil die Sonne, sein Körper und der Schatten ein besonderes Dreieck bildeten: Eine Ecke ist ein rechter Winkel (90°), die anderen beiden halbe rechte Winkel zu je 45°. Hat ein Dreieck zwei gleiche Winkel, hat es auch zwei gleiche Seiten – das war bekannt. So kann man auch andere Dinge messen, z. B., wie weit ein Schiff vom Ufer entfernt ist. Kennt man einen Punkt, an dem das Schiff exakt rechtwinklig zum Ufer steht, und einen Punkt, an dem es im 45°-Winkel zum Ufer steht, entspricht die Entfernung zwischen den Punkten der Entfernung des Schiffs vom Ufer.

Nach meiner Berechnung … steht das Schiff falsch!

Wie nah kann man an einen Baum herangehen, der gefällt wird? Man muss mindestens so weit weg sein, wie der Baum hoch ist (sicherheitshalber noch etwas weiter). Wenn der Winkel vom Standort zur Baumspitze 45° oder größer ist, steht man zu nah. Ist der Winkel kleiner, ist die Entfernung größer als die Höhe des Baums. Eine Faustregel lautet, sich ein 3-4-5-Dreieck vorzustellen, denn dann hat der Baum sogar noch ein wenig Platz beim Fallen.

Nein! Wo ist mein Winkelmesser?!

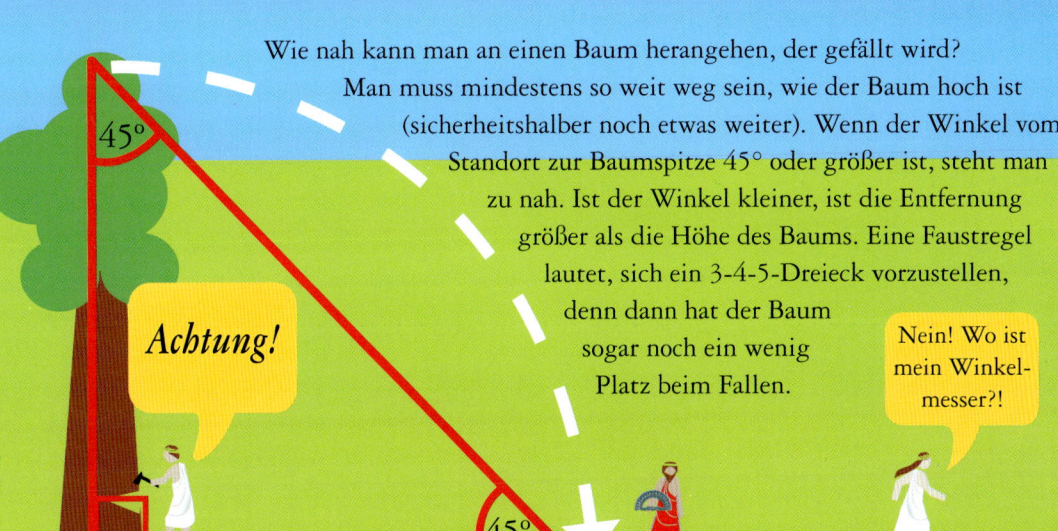

Achtung!

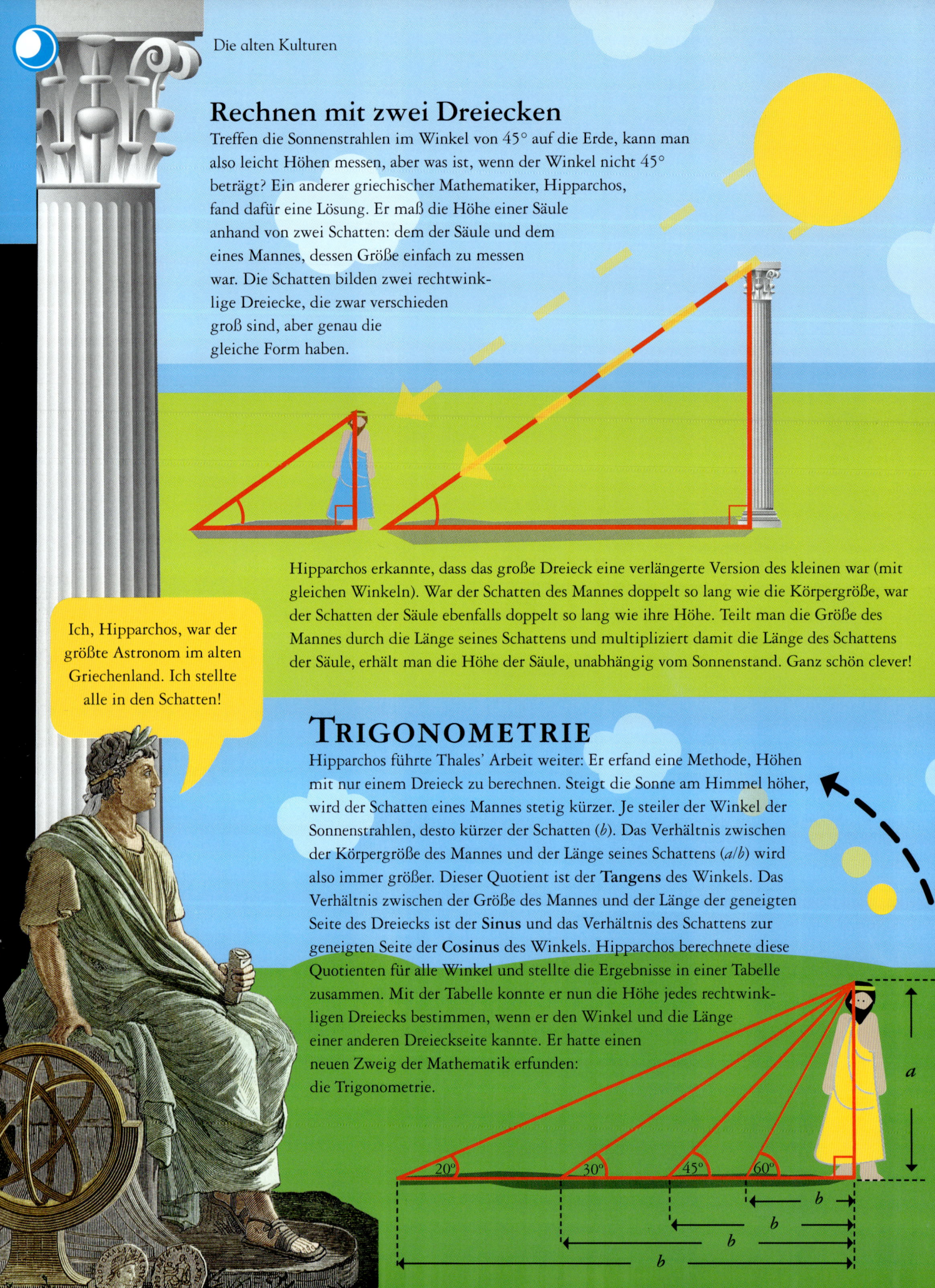

Rechnen mit zwei Dreiecken

Treffen die Sonnenstrahlen im Winkel von 45° auf die Erde, kann man
also leicht Höhen messen, aber was ist, wenn der Winkel nicht 45°
beträgt? Ein anderer griechischer Mathematiker, Hipparchos,
fand dafür eine Lösung. Er maß die Höhe einer Säule
anhand von zwei Schatten: dem der Säule und dem
eines Mannes, dessen Größe einfach zu messen
war. Die Schatten bilden zwei rechtwinklige Dreiecke, die zwar verschieden
groß sind, aber genau die
gleiche Form haben.

Hipparchos erkannte, dass das große Dreieck eine verlängerte Version des kleinen war (mit
gleichen Winkeln). War der Schatten des Mannes doppelt so lang wie die Körpergröße, war
der Schatten der Säule ebenfalls doppelt so lang wie ihre Höhe. Teilt man die Größe des
Mannes durch die Länge seines Schattens und multipliziert damit die Länge des Schattens
der Säule, erhält man die Höhe der Säule, unabhängig vom Sonnenstand. Ganz schön clever!

Ich, Hipparchos, war der
größte Astronom im alten
Griechenland. Ich stellte
alle in den Schatten!

TRIGONOMETRIE

Hipparchos führte Thales' Arbeit weiter: Er erfand eine Methode, Höhen
mit nur einem Dreieck zu berechnen. Steigt die Sonne am Himmel höher,
wird der Schatten eines Mannes stetig kürzer. Je steiler der Winkel der
Sonnenstrahlen, desto kürzer der Schatten (*b*). Das Verhältnis zwischen
der Körpergröße des Mannes und der Länge seines Schattens (*a/b*) wird
also immer größer. Dieser Quotient ist der **Tangens** des Winkels. Das
Verhältnis zwischen der Größe des Mannes und der Länge der geneigten
Seite des Dreiecks ist der **Sinus** und das Verhältnis des Schattens zur
geneigten Seite der **Cosinus** des Winkels. Hipparchos berechnete diese
Quotienten für alle Winkel und stellte die Ergebnisse in einer Tabelle
zusammen. Mit der Tabelle konnte er nun die Höhe jedes rechtwinkligen Dreiecks bestimmen, wenn er den Winkel und die Länge
einer anderen Dreieckseite kannte. Er hatte einen
neuen Zweig der Mathematik erfunden:
die Trigonometrie.

20° 30° 45° 60°

a

b

b

b

b

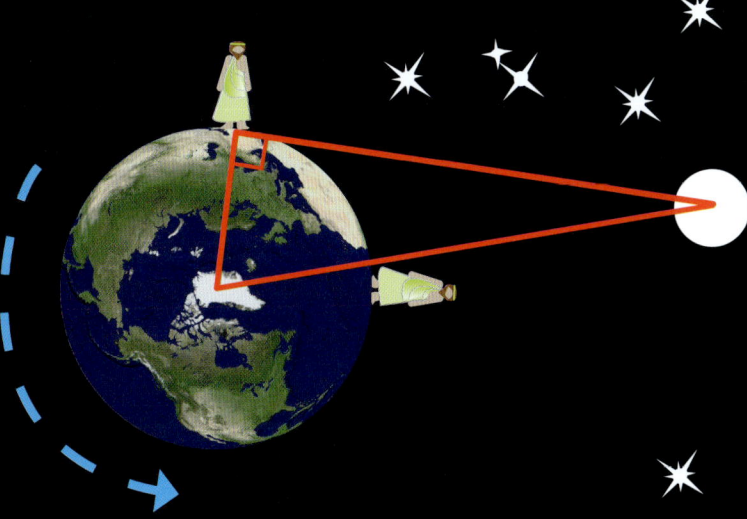

Wie weit weg ist der Mond?

Hipparchos erfand die Trigonometrie nicht nur, um Höhen zu messen. Er studierte damit auch die Bewegungen der Sonne, des Mondes und der Planeten. Mit einer erfinderischen Methode gelang es ihm, die Entfernung des Mondes zu messen. Er maß dessen Größe und Position einmal, als er direkt über ihm stand, und einmal direkt über dem Horizont, und verglich die Maße. Dann zog er ein rechtwinkliges Dreieck und errechnete, dass die Entfernung zum Mond 30-mal dem Durchmesser der Erde entsprach.

Heute wird Trigonometrie für alles Mögliche verwendet, von der Berechnung der Kraft einer Zange bis hin zur Streckenführung von Tunneln. Der Simplon-Tunnel in den Alpen wurde 1905 mithilfe der Trigonometrie geplant. Es wurde von beiden Seiten gegraben, obwohl die Berge keine Sicht auf das jeweils andere Ende erlaubten. Man stellte sich also ein Dreieck vor, das die beiden Enden des Tunnels mit einem anderen Punkt verband, von dem aus man die Ausgänge sehen konnte. Als die Winkel ausgerechnet waren, begannen die Grabungen. Man traf in der Mitte aufeinander – mit nur 10 cm Abweichung.

Eselsbrücke

Trigonometrie klingt zwar kompliziert, ist aber gar nicht so schwer. Es geht einfach darum, aus ein paar Informationen die Maße eines rechtwinkligen Dreiecks zu ermitteln. Schwierig sind eigentlich nur die Fachbegriffe wie Sinus, Cosinus und Tangens. Diese Begriffe bezeichnen die Verhältnisse zwischen jeweils zwei Seiten des Dreiecks. Glücklicherweise hilft hier ein Merksatz weiter …

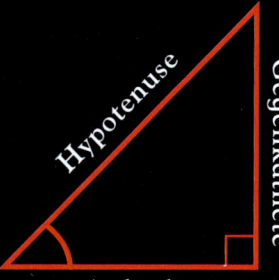

In der Schule lernt man:

Sinus = Gegenkathete : Hypotenuse

Cosinus = Ankathete : Hypotenuse

Tangens = Gegenkathete : Ankathete

Merke dir den Ausdruck <u>GA</u><u>GA</u> Hühner<u>h</u>of <u>AG</u> und die Reihenfolge <u>S</u>inus, <u>C</u>osinus, <u>T</u>angens und <u>C</u>o<u>t</u>angens und schreibe die unterstrichenen Buchstaben so untereinander:

G A G A

<u>H H A G</u>

S C T Ct

Schon weißt du, was du teilen musst, um die jeweils unter dem Strich stehende Angabe zu erhalten.

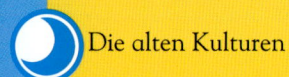

Die Erde ist *rund*

Bis vor etwa 3000 Jahren hatten die Menschen kaum eine Vorstellung von der Größe und Form der Erde. In Mesopotamien (heute Irak) glaubte man, die Erde sei eine Scheibe, die in einem riesigen Ozean treibt. An anderen Orten im Nahen Osten glaubten die Leute, sie sei eine Kuppel mit Löchern, durch die die Sonne auf- und unterging. Erst als Seeleute die Meere befuhren, dämmerte den Menschen langsam die erstaunliche Wahrheit, dass die Erde eine riesige Kugel ist.

PHÖNIZISCHE SEEFAHRER

Vermutlich erkannten als Erste die Phönizier, die vor 3000 Jahren im heutigen Libanon lebten, dass die Erde eine Kugel ist. Anders als die Wüsten Arabiens und Nordafrikas war Phönizien grün, es gab Gebirge und Wälder. Mit dem Holz bauten die Phönizier stabile Schiffe, die Hunderte von Kilometern segeln konnten – über das ganze Mittelmeer und sogar darüber hinaus. Sie fuhren südwärts entlang der Küste Afrikas, um Sklaven zu kaufen, und auch nordwärts um Europa herum, um auf den britischen Scilly-Inseln Bronze zu erwerben.

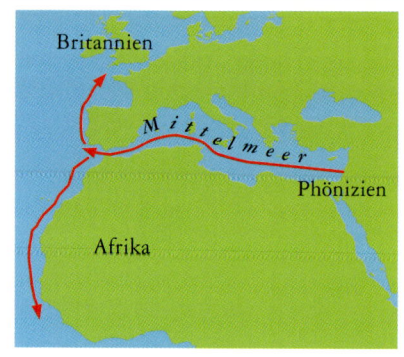

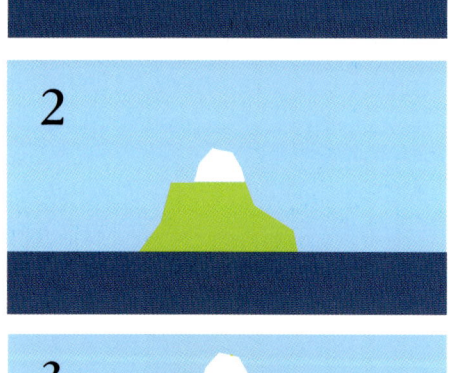

Land ahoi

Immer, wenn sie sich einem Ufer näherten, beobachteten die Phönizier ein seltsames Phänomen: Das Land wurde nicht nur größer, sondern man erblickte jedes Mal zuerst die Berggipfel, nach und nach die niedrigeren Hügel und zuletzt das flache Ufer. Auch die Kaufleute, die im Hafen warteten, erspähten zuerst die Spitzen der Schiffsmasten, dann die Segel und zuletzt den Rumpf. So war es überall, und das bewies, dass die Meeresoberfläche keineswegs flach war, sondern gekrümmt.

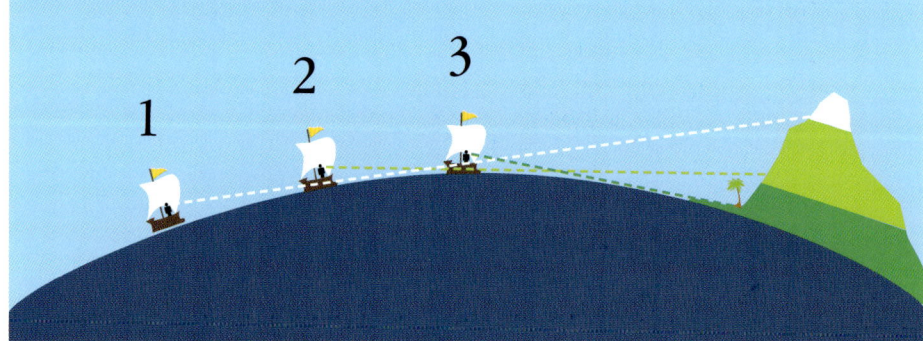

Ausguck

Wie weit ein Seemann schauen kann, hängt von seinem Standpunkt ab. Schon wenn man auf der Schulter eines Mannes steht, sieht man einen Kilometer weiter. Will man doppelt so weit sehen, muss man viermal so hoch klettern. Die beste Sicht hatten die Seeleute vom Ausguck an der Spitze des Mastes.

HÖHE ÜBER DEM MEERESSPIEGEL	FERNSICHT DES SEEMANNS
1,5 m	5 km
3 m	7 km
6 m	10 km
12 m	14 km
18 m	17 km
30 m	22 km

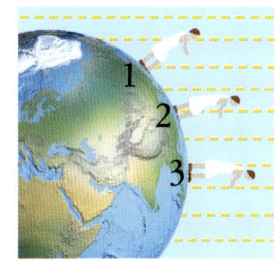

ORIENTIERUNG AN DER SONNE Die Phönizier besaßen noch keinen Kompass, doch sie konnten weite Strecken entlang der Küsten segeln. Auf ihren langen Reisen nach Britannien und Afrika fiel ihnen auf, dass die Mittagssonne im Norden tiefer steht als im Süden, sodass im Norden mittags die Schatten länger sind. Der Grund liegt in der Kugelform der Erde, die bedingt, dass die Sonnenstrahlen in unterschiedlichem Winkel einfallen. Die Phönizier erkannten, dass sie an der Höhe der Mittagssonne und an der Länge der Schatten ungefähr schätzen konnten, wie weit nach Süden oder Norden sie vorgedrungen waren.

ORIENTIERUNG AN DEN STERNEN Erfahrene Beobachter der Sterne wissen, dass die Sterne sich nachts über den Himmel bewegen. Aber es gibt eine Ausnahme: Der Polarstern steht immer genau im Norden. Seefahrer benutzten ihn wahrscheinlich schon lange, bevor der Kompass erfunden wurde, als Orientierungshilfe. Auf ihren Reisen um Afrika herum nach Süden bemerkten die Phönizier sicher, dass der Polarstern immer tiefer sank, je weiter sie nach Süden vorstießen, und dass er wieder höher stieg, wenn sie zurück nach Norden fuhren. Die Höhe des Polarsterns war sogar ein noch genaueres Maß ihres Vordringens nach Süden als die Höhe der Sonne. Der Stand der Sonne verändert sich nämlich auch nach Tages- und Jahreszeit, aber der Polarstern bleibt immer am selben Fleck.

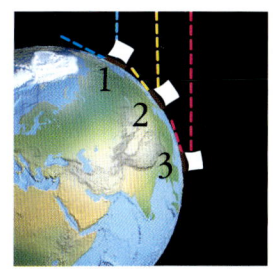

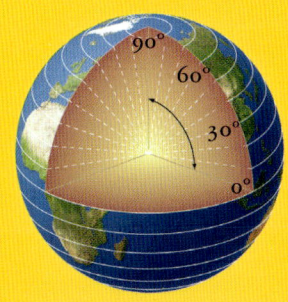

Geografische Breite

Mithilfe der Sonne und der Sterne hatten die Menschen des Altertums das Jahr eingeteilt. Nun erkannten die Phönizier, dass sie mit ihnen auch ihre Position auf der gekrümmten Erdoberfläche bestimmen konnten. Sie erfanden eine Methode, mit der sie grob den Breitengrad ausrechneten. Die **geografische Breite**, wie wir sie heute nennen, bezeichnet den Winkel zwischen dem Äquator und einem beliebigen Punkt auf der Erde und gibt somit an, wie weit im Norden oder Süden man sich befindet. Später entdeckten Seeleute, dass sie sich durch den Winkel des Polarsterns noch wesentlich genauer bestimmen ließ. Es dauerte noch sehr lange, bis die Seeleute die **geografische Länge** bestimmen, also berechnen konnten, wie weit sie nach Osten oder Westen vorgedrungen waren.

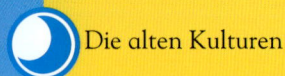

Vermessung der Erde

Die Griechen wussten, ebenso wie die Phönizier vor ihnen, dass die Erde rund ist. Ein genialer Grieche ging noch einen Schritt weiter: **Er berechnete ihre Größe**, und zwar erstaunlich genau!

Einer der klügsten

Mathematiker im alten Griechenland war **Eratosthenes**. Er lebte in der ägyptischen Stadt Alexandria, die im Jahr 240 v. Chr. die Hauptstadt des griechischen Reiches war. Er war ein brillanter Verfasser von Büchern und ein großer Lehrer und leitete die berühmte Bibliothek von Alexandria, in der das wertvolle Wissen der Griechen in Form von Schriftrollen aufbewahrt wurde.

Eines Tages stieß Eratosthenes auf eine Geschichte, die ihn faszinierte. Er las von einem ungewöhnlichen Brunnen in der Stadt Syene (heute Assuan) im Süden Ägyptens, in dem nur einmal im Jahr – genau am Tag der Sommersonnenwende zur Mittagszeit – ein Sonnenstrahl bis zum Wasserspiegel hinuntergelangte, den das Wasser dann hell glitzernd zurückwarf. Eratosthenes erkannte, dass die Sonne in diesem Augenblick genau im Zenit stehen musste. Ihre Strahlen trafen die Erde genau senkrecht und warfen praktisch keine Schatten.

Im sehr viel

weiter nördlich gelegenen Alexandria geschah das nie. Hier fiel das Sonnenlicht auch am Tag der Sommersonnenwende in einem leichten Winkel auf den Boden und warf somit kurze Schatten. Eratosthenes wählte eine hohe Säule aus und maß ihre Höhe und ihren Schatten. Mithilfe eines Dreiecks errechnete er den Winkel des Sonnenlichts. Er wich um 7,2° von der Senkrechten ab.

Die Griechen

Die Griechen wussten, dass Sonnenstrahlen immer parallel verlaufen. Also musste der Winkelunterschied zwischen Alexandria und Syene an der Rundung der Erdkugel liegen. Die Phönizier hatten bereits erkannt, dass die Erde rund war, doch Eratosthenes konnte nun mit diesem Wissen ihre Größe berechnen.

Er stellte sich zwei gerade Linien vor, die durch den Brunnen und die Säule bis zum Mittelpunkt der Erde drangen und dort zusammentrafen. Diese Linien mussten auch im Winkel von 7,2° zusammentreffen. Da 7,2° ein Fünfzigstel eines Kreises ist, konnte Eratosthenes den Umfang der Erdkugel berechnen, wenn er die Entfernung zwischen Alexandria und Syene kannte. Diese nahm er mal 50 und kam auf 40 000 km – das ist fast richtig.

$7,2°$

$7,2°$

$$360° : 7,2° = 50$$

$$50 \cdot 800 \text{ km} = 40\,000 \text{ km}$$

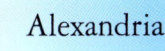
Alexandria

SYENE BIS ALEXANDRIA 800 KM

— 160 km

— 320 km

— 480 km

— 640 km

Syene

800 km

Nach seiner Entdeckung zeichnete Eratosthenes eine neue Landkarte der Erde, in die er sogar Längengrade einsetzte, die er genial berechnete: Er verglich einfach die Tageslänge der Sommer- und Wintersonnenwende. Leider nahm ihn niemand ernst, weil die Menschen sich nicht vorstellen konnten, dass die Erde so groß war. Eratosthenes behauptete, es müsse riesige unentdeckte Kontinente und Ozeane geben, aber das konnten die Leute nicht glauben. Außerdem sagte er, dass die Ozeane größer seien als die Landflächen und dass sie alle miteinander verbunden seien – auch damit hatte er vollkommen recht.

Seht meine neue Karte der Erde!

Was du nicht sagst! Ha, ha!

Eratosthenes erhielt nie die verdiente Anerkennung. Im Alter von etwa 80 Jahren hörte er einfach auf zu essen und starb blind und unglücklich. Erst 1700 Jahre später fanden die Menschen heraus, dass er recht gehabt hatte. Bis dahin waren unzählige Seefahrer ums Leben gekommen, weil ihre Karten die Größe der Erde völlig falsch wiedergaben.

ERATOSTHENES

276–195 v. Chr.

Warum Pi?

π = 3,141592

Nachdem Eratosthenes den Umfang der Erde errechnet hatte, hätte er auch ihren Durchmesser ermitteln können. Dazu hätte er jedoch eine Zahl gebraucht, die die Menschen schon seit sehr langer Zeit fasziniert: Pi. Pi beschreibt das Verhältnis zwischen Umfang und Durchmesser eines Kreises. Man bezeichnet die Kreiszahl mit dem griechischen Buchstaben π.

Wie groß ist Pi genau?

Heute wissen wir, dass Pi etwa 3,14 beträgt. Ganz genau kann man es nicht sagen, weil diese Zahl unendlich viele Dezimalstellen hat, die auch kein Muster befolgen. Pi ist eine *irrationale Zahl,* weil man sie nicht als Bruch zweier ganzer Zahlen definieren kann. Da es keine rationale Gleichung gibt, mit der sich Pi berechnen ließe, heißt sie auch *transzendente Zahl.* Pi lässt sich nicht nur nicht genau berechnen, sie ist überhaupt sehr schwer fassbar.

Quadratur des Kreises

Die alten Griechen liebten Geometrieaufgaben, die sie nur mit Lineal und Zirkel lösten. Sie erkannten z. B., wie man in einem Kreis ein Sechseck zeichnet …

… aber eine Aufgabe gab es, die sie wahrhaft vor ein Rätsel stellte: Sie bestand darin, einen Kreis zu

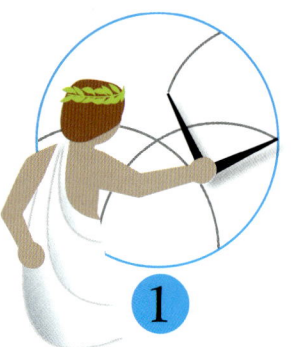

1 Mit dem Zirkel zeichnet man einen Kreis und lauter gleich große Bogen.

2 Die Kreuzungspunkte werden mit geraden Linien verbunden.

3 Bingo: ein exaktes Sechseck!

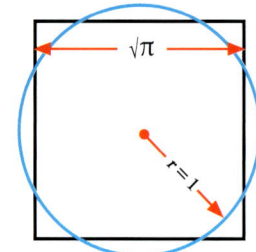

√π, r = 1

zeichnen und daraus ein Quadrat mit derselben Fläche zu machen. Man nannte es die „Quadratur des Kreises". Die Griechen konnten sie nicht lösen und heute kennen wir

Die Suche nach Pi

Obwohl sich π nicht exakt berechnen lässt, versuchten die Menschen es immer wieder. Das Problem besteht darin, *den Umfang des Kreises genau zu messen* (der Durchmesser ist dagegen sehr leicht). Die Ägypter versuchten es mithilfe dieser Figur – eines Kreises mit Sechseck. Das Sechseck (Hexagon) besteht aus sechs gleichseitigen Dreiecken. Der Umfang des Sechsecks ist die Summe von 6 Seiten, der Durchmesser die Summe von 2 Seiten. Das Verhältnis zwischen Umfang und Durchmesser ist also 3. Der Durchmesser des Kreises ist ebenfalls die Summe von 2 Seiten, der Umfang dagegen ist mehr als 6 Seiten, daher muss π größer als 3 sein. Die Ägypter kamen der Sache sehr nah. Sie rechneten: $16^2 : 9^2 = 256 : 81$ oder 3,16.

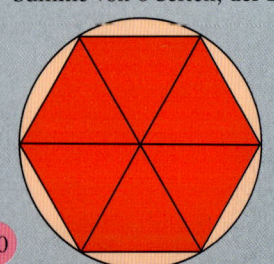

Es wird heiß …

Um 250 v. Chr. kam Archimedes der Sache näher, indem er Kreise zwischen anderen Formen platzierte. Mit dieser genialen Methode ermittelte er den Umfang des Kreises immer genauer. In diesem Beispiel muss der Kreisumfang zwischen den Umfängen der beiden Quadrate liegen. Archimedes versah die Figuren mit immer mehr Seiten, um sich der Kreisform anzunähern.

4 SEITEN

π

Warum Pi?

Dass π wichtig war, wusste man schon früh, aber niemand konnte sich damals vorstellen, wie nützlich diese Zahl später werden würde. Wir verwenden π für viele Kreis- und Kurven-berechnungen, von der Streckenplanung für Flugzeuge bis hin zur Analyse von Schallwellen.

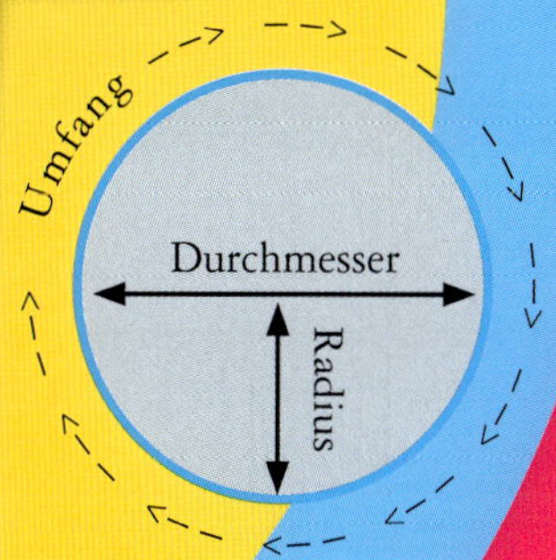

Umfang · Durchmesser · Radius

Pi ist der Kreisumfang dividiert durch den Durchmesser.

...53589793238462643383279502884197169393677483029836598473321678

den Grund dafür. Man benötigt dazu die Quadratwurzel von Pi (π), aber es gibt keine Möglichkeit, die Quadratwurzel von transzendenten Zahlen zu berechnen.

Das Dionysos-Theater in Athen

Kreisförmige Bauwerke

Die Griechen betrachteten Kreise nicht nur als mathematische Kuriosität. Sie bauten halbkreisförmige Theater, weil sie den Zuschauern eine bessere Sicht ermöglichten und auch eine gute Akustik hatten. Griechische Theater sind zwar beeindruckend, aber sie wurden im Grunde sehr einfach in natürliche Senken gebaut. Die Römer schufen später mithilfe von Kreisen und Bogen einige der erstaunlichsten Bauwerke der Welt.

... und immer heißer

Er versuchte es mit Sechsecken und setzte die Versuche fort, bis die Figuren 96 Seiten hatten. Je mehr Seiten er hinzufügte, desto näher kam die Form dem Kreis und desto genauer wurde sein Ergebnis.

Am Ende wusste er, dass π zwischen 3,1428 und 3,1408 liegen musste – eine brillante Leistung! Über 1800 Jahre lang blieb dies der genaueste Wert für π.

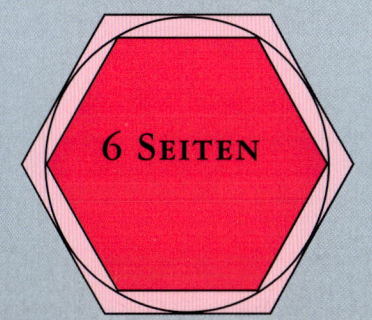

6 SEITEN

8 SEITEN

12 SEITEN

... UND SO WEITER

RÖMISCHE BAUKUNST

Die Griechen waren hervorragende Architekten, aber ihre Gebäude waren meist einfach rechteckig. Die Römer, die Griechenland eroberten und den Mittelmeerraum beherrschten, waren da wesentlich einfallsreicher. Ihr Imperium erstreckte sich über weite Teile Europas und Afrikas und sie beeindruckten ihre Untertanen mit spektakulären architektonischen Meisterleistungen. Viele Bauwerke stehen noch heute und geben Zeugnis von ihrer herausragenden Baukunst.

Der Bogen

Die Römer erkannten früh die Vorteile halbkreisförmiger Bogen. Sie halten sehr viel Gewicht aus, erfordern aber gleichzeitig wenig Material, weil jeder Stein vom Gewicht der Steine über ihm an seinem Platz gehalten wird. Setzt man noch ein Bauelement darauf, wird dessen Gewicht gleichmäßig auf den Bogen und seine Säulen verteilt. Bogen sind so fest, dass man sie an der Oberseite rechtwinklig abschließen und einen weiteren Bogen darüber bauen kann.

Die Kugel

Im Pantheon, einem Tempel, der um die Form einer Kugel herum entworfen wurde und der heute noch in Rom steht, erreichte die römische Baukunst eine neue Stufe der Perfektion. Das schwere, halbkugelförmige Kuppeldach besteht aus Beton (den die Römer erfanden). Es hatte ein Loch in der Mitte, das als Sonnenuhr funktionierte. Würde man die Kuppel nach unten fortsetzen, ergäbe sich eine exakte Kugel, die den Boden genau am Mittelpunkt berührt.

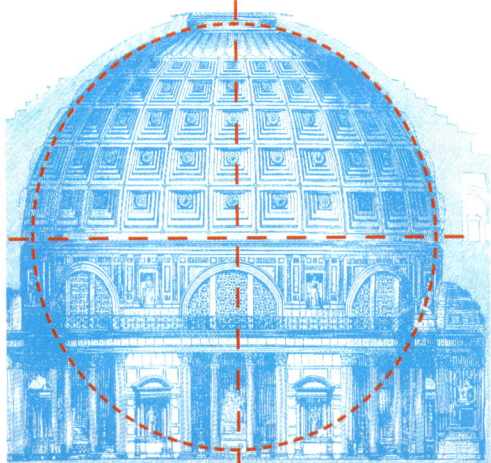

Das Kolosseum

Die Römer planten nicht nur kreisrunde oder kugelförmige Elemente, sondern auch Ellipsen. Die Ellipse ist eine besondere Form des Ovals, d. h. sie ist länger als breit. Das Kolosseum war ein riesiges elliptisches Bauwerk in Rom, das der Unterhaltung des Volkes diente. Dort konnte man zusehen, wie wilde Tiere und Menschen sich auf Leben und Tod bekämpften.

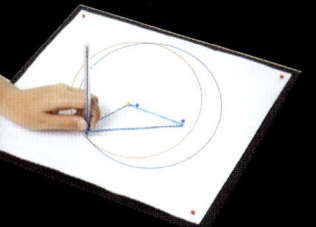

Einfache Ellipsen

Wie die Römer Ellipsen zeichneten, ist bis heute ein Rätsel. Funktioniert hätte beispielsweise Folgendes: Man legt eine zu einem Ring geknotete Schnur um zwei Nägel, steckt einen Stift in eine Schlaufe und zieht die Schnur straff. Dann zieht man bei straffer Schnur den Stift einmal rund um die Nägel – fertig ist die Ellipse!

So baust du ein Kolosseum …

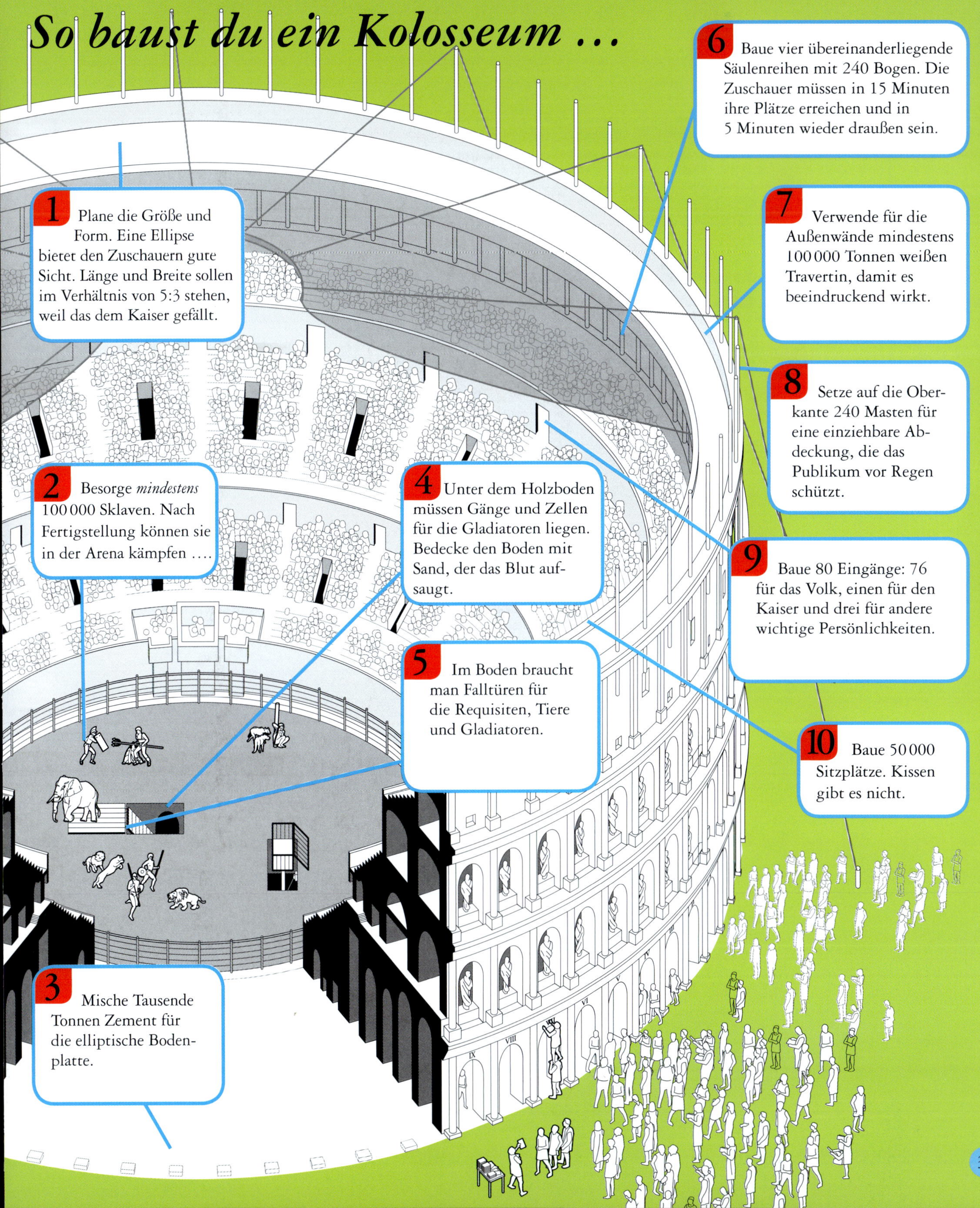

1 Plane die Größe und Form. Eine Ellipse bietet den Zuschauern gute Sicht. Länge und Breite sollen im Verhältnis von 5:3 stehen, weil das dem Kaiser gefällt.

2 Besorge *mindestens* 100 000 Sklaven. Nach Fertigstellung können sie in der Arena kämpfen ….

3 Mische Tausende Tonnen Zement für die elliptische Bodenplatte.

4 Unter dem Holzboden müssen Gänge und Zellen für die Gladiatoren liegen. Bedecke den Boden mit Sand, der das Blut aufsaugt.

5 Im Boden braucht man Falltüren für die Requisiten, Tiere und Gladiatoren.

6 Baue vier übereinanderliegende Säulenreihen mit 240 Bogen. Die Zuschauer müssen in 15 Minuten ihre Plätze erreichen und in 5 Minuten wieder draußen sein.

7 Verwende für die Außenwände mindestens 100 000 Tonnen weißen Travertin, damit es beeindruckend wirkt.

8 Setze auf die Oberkante 240 Masten für eine einziehbare Abdeckung, die das Publikum vor Regen schützt.

9 Baue 80 Eingänge: 76 für das Volk, einen für den Kaiser und drei für andere wichtige Persönlichkeiten.

10 Baue 50 000 Sitzplätze. Kissen gibt es nicht.

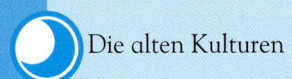

Kunstvolle Aquädukte

Mächtig, nützlich, schön: So wollten die Römer bauen. Ihre Aquädukte transportierten Trinkwasser von natürlichen Quellen bis zu 100 km weit in die Städte. Über die gesamte Strecke hinweg besaßen sie ein kaum merkliches Gefälle. Sie zu bauen, war eine Meisterleistung, die bewies, dass die Römer die Kunst des Messens perfekt beherrschten. Die Aquädukte lieferten so viel Wasser, dass die römischen Städte sich viele Springbrunnen und Badehäuser leisten konnten.

Die Stadt

Römische Städte benötigten viel Wasser, denn die Römer verbrauchten pro Person etwa dreimal so viel Wasser wie wir heute. Schon die Bäder waren riesig. Die Caracalla-Thermen in Rom waren z. B. größer als ein Fußballstadion.

Arkaden

Schöne Arkaden waren ideal, um das Wasser über Täler zu führen. Arkaden sind Brücken aus mehreren Bogen. Sie benötigten weniger Material als Mauern und man konnte darunter hindurchgehen. Sie sind heute berühmte Denkmäler römischer Baukunst.

Mauer

Musste das Wasser nur knapp über dem Boden entlanggeführt werden, bauten die Römer Mauern mit einer Rinne. Sollte die Mauer aber höher als 1,5 m sein, bauten sie lieber eine Arkade.

Das Gefälle war erstaunlich gering –

Pont du Gard (Frankreich)

Dieses eindrucksvolle Bauwerk war Teil eines fast 50 km langen Aquädukts, das die römische Stadt Nemausus (heute Nîmes) mit Wasser versorgte. Es lieferte täglich 200 000 Kubikmeter Wasser.

Der beste Mann

Vitruv war zur damaligen Zeit ein bedeutender römischer Architekt. Ein großer Teil unseres Wissens über die römische Architektur stammt aus seinem Buch *De Architectura.* Er erklärte genau, wie man Aquädukte vermaß und baute, und legte dabei z. B. fest, dass sie im Verlauf von 30 m höchstens 1,3 cm abfallen durften, damit das Wasser nicht zu schnell floss. Wie die Römer mit ihren einfachen Instrumenten diese Meisterleistung vollbrachten, ist bis heute ein Rätsel.

SEE

Graben

Vier Fünftel der Aquädukt-strecken waren bedeckte unterirdische Gräben. Manchmal wurden sie ausgekleidet und abgedichtet, damit kein Wasser verlorenging.

Tunnel

Stand ein Berg im Weg, wurde ein Tunnel gegraben. Von oben wurden Schächte angelegt, die die Arbeit erleichterten. So konnten später auch Sklaven die Tunnel leicht instandhalten und die Kalkablagerungen entfernen, die den Tunnel sonst irgendwann blockiert hätten.

Siphon

Siphons (Druckrohrleitungen aus Blei) wurden in Tälern verlegt, um das Wasser auf der anderen Seite nach oben zu drücken. Liegt der Wasserspeicher höher als die andere Talseite, hat das herabströmende Wasser genug Kraft, um das Wasser in der Rohrleitung nach oben zu drücken.

auf etwa 1 km fiel das Wasser nur rund 30 cm ab.

Römische Straßen waren *unglaublich gerade* und Tausende Kilometer lang. So kamen die Streitkräfte *schnell* vorwärts. Wie schafften sie es aber, so gerade zu bauen?

Die Römer bauten ihre Straßen schnurgerade von Hügelspitze zu Hügelspitze. Kurven gab es nur, wenn ein Fluss zu überqueren war. Sie planten die Strecke mithilfe der *groma*. Sie bestand aus einem aufrechten Stock mit zwei zu einem rechtwinkligen Kreuz angeordneten Stäben darauf. Von den vier Enden des Kreuzes hingen Schnurlote. Mit diesen stellten die Römer sicher, dass Markierungspfosten aufrecht und immer genau in einer Linie standen. Auch die Neigung der Aquädukte wurde mit der Groma korrigiert.

GROMA

Schnurlote

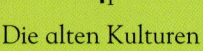
Körpermaße

Der menschliche Körper war das erste Messinstrument der Welt. Vor der Erfindung von Meterstäben oder anderen Geräten verglichen die Menschen die Größe der Dinge einfach mit ihrem Körper. Manche Körperteile werden heute noch als Maßeinheiten verwendet.

Die Menschen haben schon immer die Finger zum Zählen und die Hände, Arme und Beine zum Messen verwendet. Die größte Einheit war die Körpergröße, die kleinste eine Haaresbreite.

DAS YARD Der englische König Edward I. führte den Abstand von seiner Nasenspitze bis zu den ausgestreckten Fingern als „Yard" (91,44 cm, etwa eine Armlänge) ein. Inzwischen wird jedoch in Großbritannien, ebenso wie schon lange im übrigen Europa, meist in Metern gemessen.

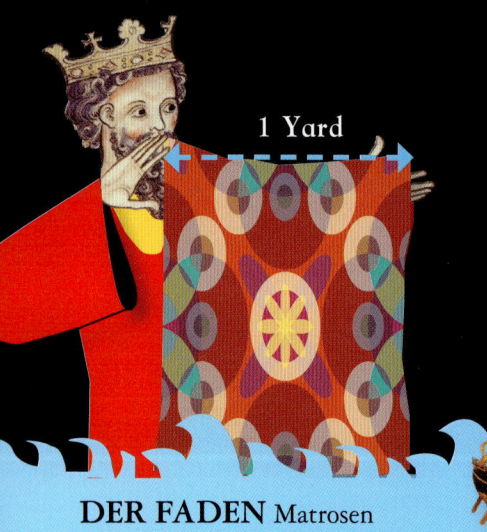

1 Yard

DER FADEN Matrosen streckten Seile zwischen beiden Händen aus, um sie abzumessen, und nannten diesen Abstand einen „Faden". Sie befestigten ein Gewicht an einem Seil mit Knoten im Abstand von je einem Faden, um die Tiefe seichter Gewässer zu messen, damit ihr Schiff nicht auf Grund lief.

1 Faden

DIE ELLE ist ein uraltes Längenmaß. Sie entspricht der Länge des Unterarms eines Mannes vom Ellbogen bis zu den Fingerspitzen, also 457 mm. Die Arche Noah war nach der Beschreibung in der Bibel 300 Ellen (137 m) lang und 30 Ellen (14 m) hoch. Tatsächlich wurde aber erst 1858 ein so großes Schiff gebaut.

1 Handbreit = 4 Fingerbreit

1 Zoll

1 königliche Elle = 7 Handbreit

Elle

Handbreit

DAS PROBLEM mit der Elle war, dass sie in jedem Land etwas anders gemessen wurde. Die alten Ägypter hatten sogar zwei Maße dafür: die normale und die königliche Elle, die rund 10 Prozent länger war. Kaufte der König etwas, wurde es in königlichen Ellen gemessen, sodass er 10 Prozent mehr erhielt. Er verkaufte aber in normalen Ellen, sodass er 10 Prozent weniger weggab. Auf diese Weise behielt er eine Art königlicher Steuer ein.

Ist die folgende Behauptung richtig oder falsch:

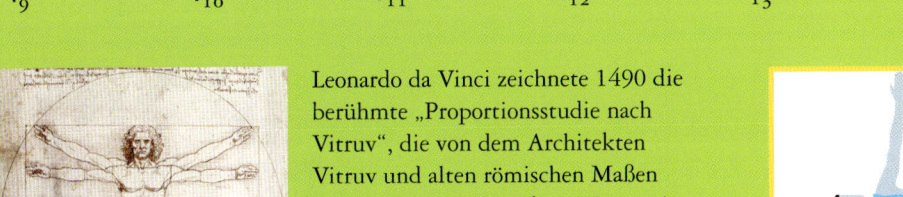

Leonardo da Vinci zeichnete 1490 die berühmte „Proportionsstudie nach Vitruv", die von dem Architekten Vitruv und alten römischen Maßen inspiriert war. Ein nackter Mann mit ausgestreckten Armen und Beinen steht in einem Quadrat und einem Kreis. An ihm sind die Einheiten Elle, Fuß, Handbreit und Schritt in exakten Proportionen dargestellt.

Die Proportionsstudie nach Vitruv zeigt, dass die Armspanne eines Menschen (1 Faden) ungefähr der Körpergröße entspricht. Versuche es selbst: Markiere an der Wand deine Größe und prüfe, ob du deine Arme so weit strecken kannst.

DIE RÖMER maßen weite Entfernungen in Schritten. Ein Schritt, genannt *passus*, war etwa 1,6 m lang, was jedoch der Länge von zwei Schritten entspricht. Professionelle Schreiter zählten beim Messen der Entfernung zwischen zwei Städten nämlich immer nur den rechten oder linken Fuß. Tausend Schritte – *mille passuum* – wurden eine Meile genannt. Meilen gibt es heute noch im englischen Sprachraum, aber sie sind rund 129 m länger als die römische Meile.

> DCCLXVI, DCCLXVII, DCCLXVIII … o Mist, schon wieder verzählt!

Soldaten marschieren oft im Vierertakt und zählen dabei: „Links, zwei, drei vier. Links, zwei, drei, vier …"

Manneshöhe

Die Römer nutzten auch den Fuß *(pes)*. Der römische Fuß war ein Fünftel eines Schrittes und ein Sechstel der Körpergröße eines Mannes, also ungefähr 29,5 cm lang. Das ist länger als ein durchschnittlicher menschlicher Fuß. Vielleicht maßen die Römer ihre harten Ledersandalen mit.

Schritt   Fuß

FINGER UND DAUMEN sind bei jedem Menschen verschieden und keine zuverlässigen Maße. „Über den Daumen gepeilt" bedeutet daher auch „ungefähr". Die englische Einheit Zoll könnte anhand der Breite eines Daumens am mittleren Knöchel festgelegt worden sein. Viele Sprachen verwenden für Zoll und Daumen dasselbe Wort.

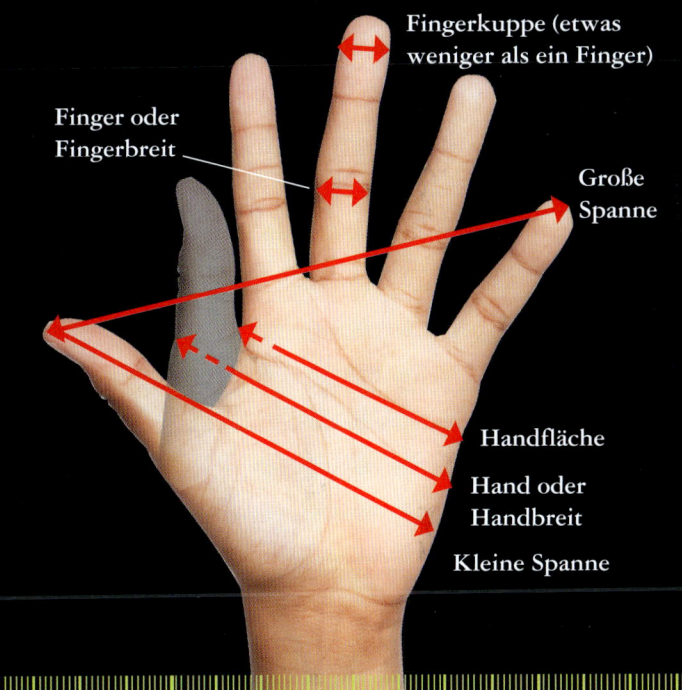

Fingerkuppe (etwas weniger als ein Finger)

Finger oder Fingerbreit

Große Spanne

Handfläche

Hand oder Handbreit

Kleine Spanne

EIN HANDBREIT

bezeichnet die Breite der Hand mit angelegtem Daumen. Mit diesem veralteten Maß wird heute noch die Schulterhöhe von Pferden in Großbritannien gemessen. Ein erwachsenes Tier mit einer Schulterhöhe unter 1,47 m ist ein Pony. Thumbelina, das kleinste Pony der Welt, misst nur 4 Handbreit.

1 Handbreit = 4 Zoll oder 10 cm

„Die allermeisten Menschen haben mehr als die durchschnittliche Anzahl Beine."

Die Lösung findest du auf Seite 92.

ZOLL

CM

Die alten Kulturen

Nacht

Wir alle können an der Helligkeit etwa abschätzen, wie spät es ist. Früher überlegten sich die Menschen, wie sie anhand

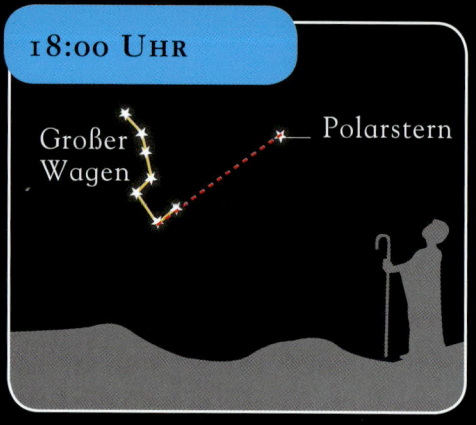

18:00 Uhr — Großer Wagen, Polarstern

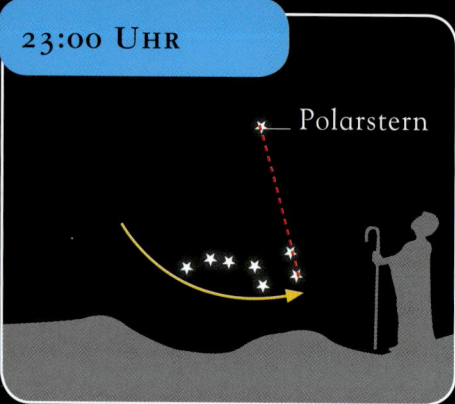

23:00 Uhr — Polarstern

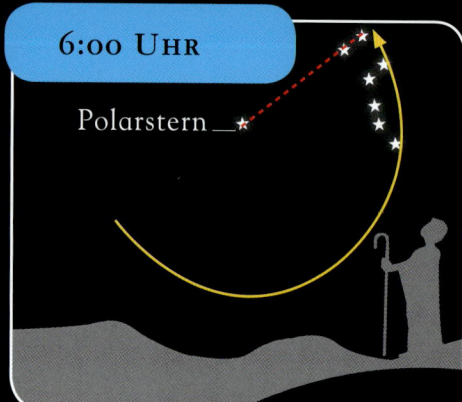

6:00 Uhr — Polarstern

Sternzeit

Der Polarstern bleibt als einziger Stern immer am selben Ort, während die anderen Sterne aufgrund der Erdrotation um ihn kreisen. Viele Völker maßen früher die Zeit, indem sie beobachteten, wie die Sterne um den Polarstern kreisen wie die Zeiger einer Uhr. Den Polarstern findet man, wenn man den Abstand der hinteren beiden Sterne des Großen Wagens viermal nach oben verlängert.

Sternuhr

Im Mittelalter verwendete man das sogenannte Horometrum, um die Zeit am Stand der Sterne abzulesen. Der drehbare Zeiger wurde an den hinteren beiden Sternen des Großen Wagens ausgerichtet. Auf der nächsten Seite ist eine Bauanleitung für eine solche Sternuhr.

Ein Tag hat 24 Stunden.

Feuerzeit

Als die Menschen das Feuer beherrschten, konnten sie sich wärmen, kochen, Raubtiere vertreiben und später ihre Häuser beleuchten. Sie machten Lampen aus kleinen Behältern, die sie mit Öl füllten. Wenn der Docht brannte, wurde das Öl langsam aufgebraucht, und daran erkannten die Menschen, wie viele Stunden die Lampe schon brannte. Später gab es auch Kerzen mit Stundenmarkierungen.

MUSCHEL-ÖLLAMPE

KERZENUHR

Es gibt Tag und Nacht, weil sich die Erde dreht.

Wer teilte den Tag in zwei Hälften zu je 12 Stunden ein?

UND Tag

der Sterne, des Feuers, des Wassers und der Schatten die Tages- oder Nachtzeit genauer bestimmen konnten.

*Stillhalten bitte …
Ich hab's, es ist halb sieben!*

Merkhet (Ägypten)

Die Ägypter erfanden einen Zeitmesser, den sie *merkhet* nannten. Man brauchte dazu zwei Personen. Der eine blickte durch eine V-förmige Kerbe in einem Stock in Richtung des anderen, bis er einen bestimmten Stern oder die Sonne sah. Nachts konnte man auch den Polarstern suchen und mit seiner Hilfe eine genaue Nord-Süd-Linie auf den Boden zeichnen. Warf die Sonne tagsüber einen Schatten entlang der Linie, war es Mittag.

Erdachse

Sanduhr

Sanduhren wurden zum ersten Mal vor etwa 700 Jahren benutzt. Der Sand rieselte langsam durch eine Verengung vom oberen in den unteren Behälter und brauchte dafür eine ganz bestimmte Zeit. Das musste keine Stunde sein, sondern war frei festlegbar. Heute verwenden wir solche Sanduhren, bei denen der Sand in drei Minuten durchrieselt, noch zum Eier kochen.

Wasser-
behälter

Zifferblatt

Wasseruhr

Die Wasseruhr funktionierte wie die Sanduhr, nur dass Wasser durch eine enge Öffnung tropfte. Die alten Griechen nutzten die *clepsydra* (links), das bedeutet „Wasserdieb". Anfangs war der Auffangbehälter, in den das Wasser tropfte, noch mit Stundenmarkierungen versehen. Später gab es verbesserte Modelle, die ein Zifferblatt mit einem Zeiger hatten, der von einem langsam steigenden Schwimmer bewegt wurde.

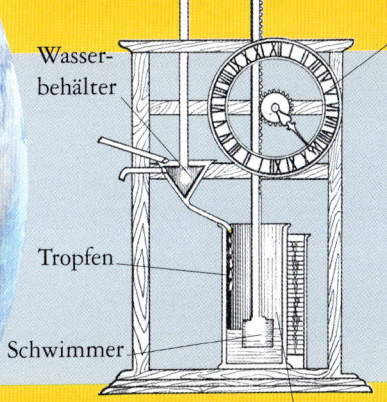

Tropfen

Schwimmer

Auffangbehälter

Schatten- und Sonnenuhren

Die alten Ägypter erfanden eine einfache, aber gut durchdachte Schattenuhr (links). Sie wurde in Ost-West-Richtung ausgerichtet. Der erhöhte Balken wurde vormittags auf das nach Osten weisende Ende gelegt und nachmittags auf das westliche Ende. Sonnenuhren gab es zu jeder Zeit in allen möglichen Formen. Hier fällt der Schatten des in der Mitte aufgerichteten „Gnomon" auf ein rundes Zifferblatt.

Schatten

**ÄGYPTISCHE
SCHATTEN-
UHR**

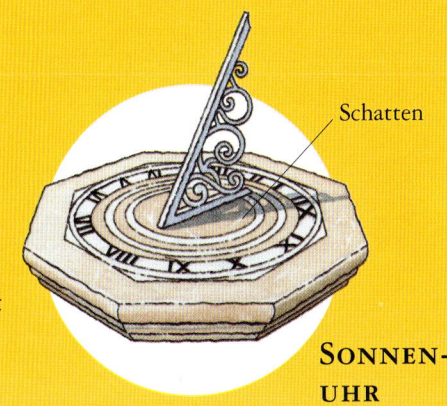

Schatten

**SONNEN-
UHR**

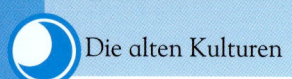

Baue eine *Sonnenuhr*

Aus zwei Holzbrettern, einem Stab und Knetmasse kannst du eine Sonnenuhr bauen, an der du bei Sonnenschein die Zeit ablesen kannst. (Beim Zuschneiden des Bretts muss ein Erwachsener helfen.)

Der aufrecht stehende Zeiger der Sonnenuhr heißt Gnomon. Die größte Sonnenuhr der Welt ist die Sundial Bridge, die über den Fluss Sacramento in Kalifornien (USA) führt. Ihr Gnomon ist 66 m hoch. Sundial Bridge zeigt aber nur am 21. Juni die Zeit ganz genau an.

Den Gnomon einstellen

Der Gnomon muss an der Erdachse ausgerichtet sein. Dazu muss man ihn in einem Winkel aufstellen, der dem Breitengrad entspricht, auf dem du dich befindest. Diesen kannst du im Atlas oder Internet nachsehen. New York liegt z. B. auf dem 40. Breitengrad.

40°-Winkel Sonnenuhr

40° nördl. Breite

Auf der Nordhalbkugel muss der Gnomon exakt nach Norden zeigen, auf der Südhalbkugel genau nach Süden.

Erdachse

Schritt 1

Zeichne eine Linie entlang einer Seite eines Holzbretts. Setze einen Punkt genau in die Mitte. Zeichne von diesem Punkt aus lauter Linien in einem Winkel von je 15° und ziehe sie mit einem dicken Stift nach*. Beschrifte die Striche mit den Uhrzeiten wie auf der Abbildung (rechts) gezeigt.

N
W   O
S

Die Sonnenuhr muss in die richtige Richtung zeigen!

18 Uhr
16 Uhr
15 Uhr
14 Uhr
13 Uhr
12 Uhr
11 Uhr
10 Uhr
9 Uhr
8 Uhr
7 Uhr
6 Uhr
40°

Der Winkel muss dem Breitengrad entsprechen.

15°

Schritt 2

Suche im Atlas den Breitengrad deines Wohnorts. Dann bitte einen Erwachsenen, ein hölzernes Dreieck zuzuschneiden. Ein Winkel des Dreiecks muss dem Breitengrad entsprechen.

Schritt 3

Befestige den Stab mit Knetmasse auf dem Punkt. Setze das Dreieck darunter, wobei der Winkel, der dem Breitengrad entspricht, auf dem Punkt liegen muss. Klebe das Dreieck fest. Lege die Sonnenuhr draußen auf ebener Erde so hin, dass der Zeiger nach Norden (Nordhalbkugel) oder Süden (Südhalbkugel) weist.

* Mit Winkeln von je 15° erhält man eine ungefähre Zeitanzeige. Für eine genaue Zeitanzeige müssen die Winkel zwischen den Stundenlinien dem Breitengrad angepasst werden. Dazu gibt es im Internet eine Tabelle, in die man den Breitengrad des Wohnorts eingeben kann. Die Winkel werden dann automatisch angezeigt.

Baue eine *Sternuhr*

Alle werden beeindruckt sein, wenn du die Zeit an den Sternen ablesen kannst! Dazu musst du den Großen Wagen und den Polarstern kennen. (Hinweis: Die Sternuhr funktioniert nur auf der Nordhalbkugel.)

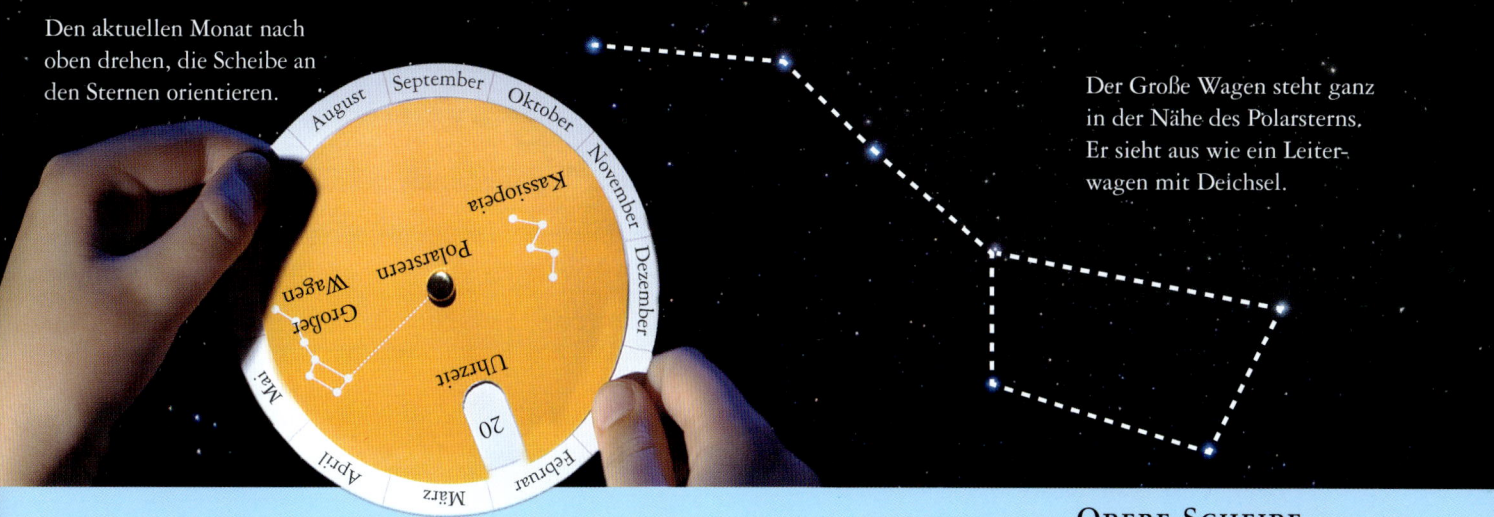

Den aktuellen Monat nach oben drehen, die Scheibe an den Sternen orientieren.

Der Große Wagen steht ganz in der Nähe des Polarsterns. Er sieht aus wie ein Leiterwagen mit Deichsel.

Schritt 1

Du brauchst entweder einen Kopierer oder einen Scanner und Drucker. Kopiere die untere Hälfte dieser Seite in doppelter Größe oder scanne und drucke sie in doppelter Größe. Das Papier sollte möglichst fest sein, damit die Sternuhr lange hält. Schneide die beiden Scheiben sorgfältig aus.

OBERE SCHEIBE

Uhrzeit

Kassiopeia steht dem Großen Wagen gegenüber. Ihre Sterne bilden ein großes „W".

Kassiopeia

Polarstern

Großer Wagen

Schritt 2

Klebe die untere Scheibe auf stabilen Karton. Lege die obere Scheibe darauf. Bohre in der Mitte ein Loch durch beide Scheiben und verbinde sie mit einer Versandtaschenklammer.

So funktioniert die Sternuhr

Blicke nach Norden und halte die Sternuhr senkrecht so vor das Gesicht, dass der gegenwärtige Monat oben ist. Drehe die obere Scheibe, bis die Sternbilder so stehen wie am Himmel. Im Fenster siehst du dann die Uhrzeit.

UNTERE SCHEIBE

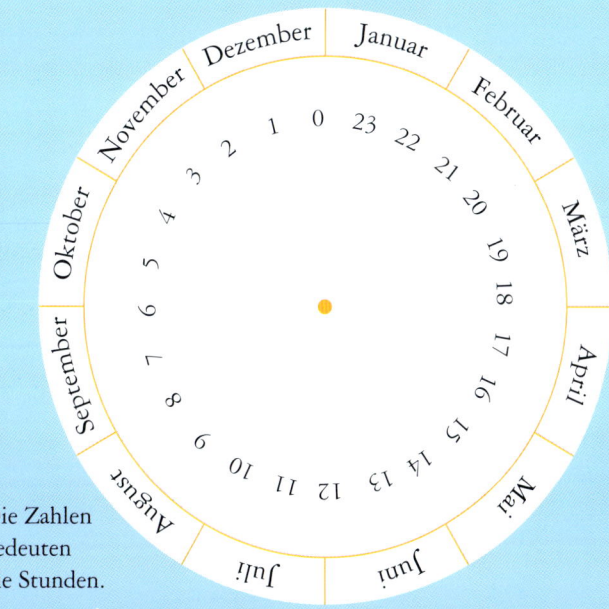

Die Zahlen bedeuten die Stunden.

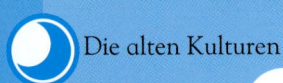

Wiegen

Die Menschen haben schon immer mit wertvollen Gütern gehandelt, sogar noch bevor das Geld erfunden wurde. Als die Zivilisation erblühte und die Bauern immer mehr Waren produzierten, brauchte man bald bessere Möglichkeiten zur Bestimmung ihres Wertes. Also überlegte man sich, wie man sie wiegen konnte.

AUSGEWOGEN

Dinge, die man zählen kann, lassen sich gut austauschen. Man kann sich z. B. leicht darauf einigen, dass ein Schaf zwanzig Hühner wert ist. Aber was ist, wenn man etwas verkaufen will, was sich nicht zählen lässt, z. B. Mehl, Butter oder Gold? Am gerechtesten ist es, diese Dinge zu wiegen. Anfangs wog man sie einfach in der Hand ab, aber bald wurden Waagen erfunden, die wie Wippen gebaut waren. Die alten Babylonier verwendeten in Tierform geschliffene und polierte Edelsteine als Normgewichte. In manchen Ländern wird das Gewicht heute noch in der Einheit „Stein" angegeben.

Die Ägypter verwendeten solche Waagen schon vor 5000 Jahren.

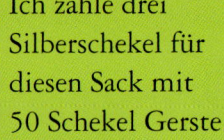

Ich zahle drei Silberschekel für diesen Sack mit 50 Schekel Gerste.

50 Schekel willst du für nur drei Schekel kaufen? Vergiss es!

Geld, Geld, Geld

Babylonische Kaufleute tauschten oft Gerste gegen andere Waren. Sie wogen die Gerste in kleine Häufchen von etwa 180 Körnern ab, die sie Schekel nannten. Sie erwiesen sich als so praktisch, dass Gerstenschekel wie eine Art Geld verwendet wurden. Allerdings brauchte man für wertvolle Dinge sehr viel Gerste und die Kaufleute hatten bald keine Lust mehr, Säcke voller Gerste mit sich herumzuschleppen. Also nahmen sie stattdessen kleine Silberstücke. Diese Silberschekel, die so viel wert waren wie ganze Säcke voller Gerste, wurden die ersten Münzen der Welt.

Silberschekel

Gerstenkörner

Weizenkörner

Johannisbrotbaumsamen

Körner als Gewicht

Samenkörner eigneten sich sehr gut zum Wiegen von kleinen, wertvollen Dingen wie Edelsteinen, Perlen und Gold. Die Babylonier verwendeten dazu Gerste, die Griechen Weizen und die Araber die Samen des Johannisbrotbaums. Diese wurden zu unserer heutigen Einheit „Karat", die für Edelsteine und Diamanten verwendet wird. Das Gewicht der Samenkörner ist nie gleich, daher wurde das moderne Karat auf das Gewicht von genau 0,2 Gramm genormt. Die Römer maßen mit Karat auch die Reinheit von Gold. Ihre Goldmünzen wogen genau 24 Johannisbrotbaumsamen. Daher wird 100% reines Gold heute als 24-Karat-Gold bezeichnet. Mischt man Gold mit anderen Metallen zu einer Legierung, ist es nicht mehr rein. Eine Legierung aus 75% Gold und 25% Silber wird als 18-Karat-Gold bezeichnet.

EINE NEUE METHODE

Der griechische Naturforscher Archimedes erdachte eine Methode zur Messung der *Dichte*. Ein dichter Gegenstand, z. B. ein Stein oder ein Stück Metall, hat im Vergleich zu seiner Größe ein hohes Gewicht. Der griechische König hatte eine neue Krone anfertigen lassen und bat Archimedes festzustellen, ob sie aus 24-Karat-Gold oder einer billigeren (und weniger dichten) Legierung aus Gold und Silber bestand, ohne sie zu beschädigen. Die rettende Eingebung kam Archimedes, als er bemerkte, dass der Wasserspiegel stieg, wenn er sich in die Badewanne setzte. Ebenso müsste er am Anstieg des Wasserspiegels ablesen können, wie groß das Volumen der Krone war. Dann konnte er das Gewicht der Krone durch ihr Volumen teilen und sehen, ob sie so dicht war wie reines Gold. Nun – sie war eine Fälschung und der Goldschmied wurde zum Tod verurteilt.

Archimedes soll nach diesem Geistesblitz aus der Wanne gesprungen und nackt die Straße entlanggelaufen sein. Dabei rief er: „Heureka!" („Ich hab's!").

Der griechische Philosoph Aristoteles überlegte inzwischen, warum das Gewicht die Dinge zu Boden fallen lässt. Er kam zu dem Schluss, dass schwere Dinge „Schwerkraft" und leichte Dinge wie Dampf „Auftrieb" besitzen müssten. Später werden wir noch sehen, dass die geheimnisvolle und unsichtbare Schwerkraft, die Dinge zum Boden zieht und ihnen Gewicht verleiht, sehr wichtig ist.

GEWICHTSKNOBELEI

Grundlage der Algebra ist die Vorstellung, dass die Dinge ausgeglichen sein müssen. Die beiden Seiten einer Gleichung müssen gleich sein wie die zwei Schalen einer Waage. Nehmen wir eine Waage mit 9 Kugeln in der einen und 3 Kugeln und 2 Würfeln in der anderen Waagschale. Sie sind gleich schwer und bilden daher eine Art Gleichung: $2c + 3b = 9b$. Wie viele Kugeln entsprechen einem Würfel?

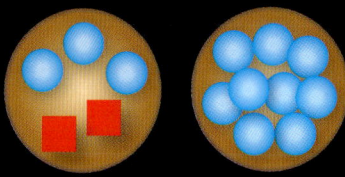

Du kannst z. B. Folgendes versuchen:

1. Nimm aus beiden Schalen 3 Kugeln weg. Die Schalen sind weiterhin ausgeglichen.
2. 2 Würfel sind also so schwer wie 6 Kugeln.
3. Teile beide Seiten durch 2.
4. 1 Würfel ist so schwer wie 3 Kugeln.

Hier ist noch eine Aufgabe: Du hast eine Waage, ein paar Früchte und du siehst, dass die folgenden Kombinationen ausgeglichen sind:

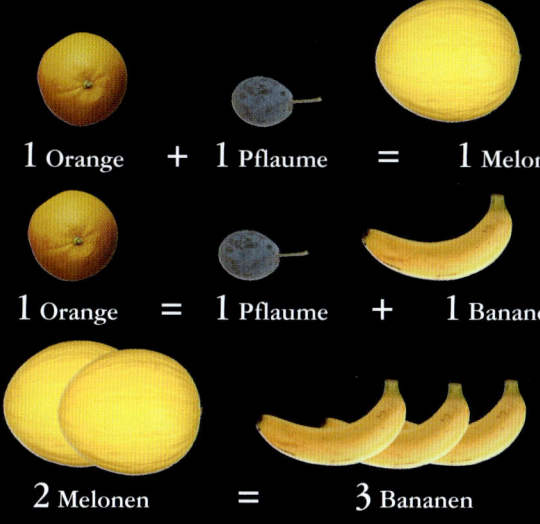

1 Orange **+** 1 Pflaume **=** 1 Melone

1 Orange **=** 1 Pflaume **+** 1 Banane

2 Melonen **=** 3 Bananen

Wie viele Pflaumen wiegen genau so viel wie eine Orange?

Wie schwer ist der Kopf?

Wie findest du heraus, wie viel dein Kopf wiegt, ohne ihn abzuhacken? Hinweis: Der Körper hat etwa dieselbe Dichte wie Wasser.

Die Lösungen findest du auf Seite 92.

Zeitalter der ENTDECKUNGEN

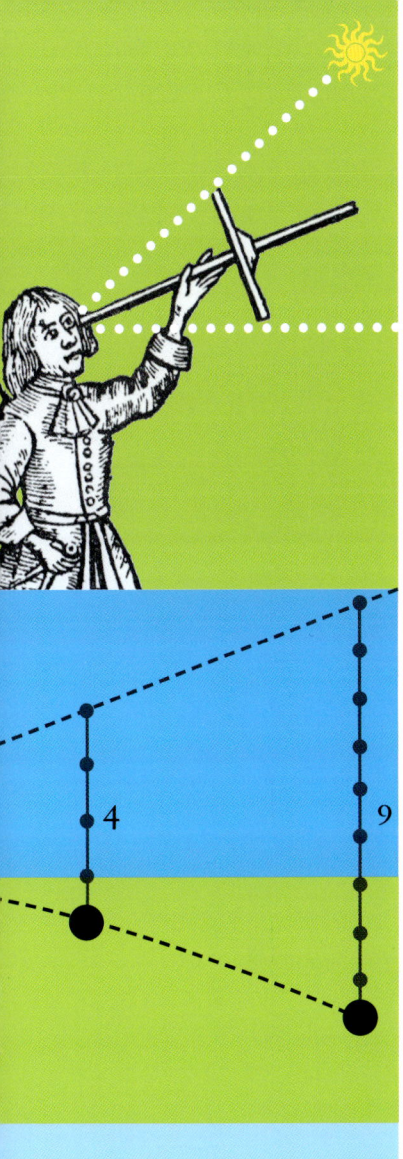

Die *Mathematiker* im alten Ägypten, Griechenland und Rom bauten auf dem Wissen ihrer Vorgänger auf und erweiterten fortlaufend ihre Kenntnisse. Nach dem Untergang des Römischen Reiches um das Jahr 450 begann in Europa *das Mittelalter, eine dunkle Zeit, in der die Naturwissenschaften rund 1000 Jahre lang vernachlässigt wurden.*

In anderen Teilen der Welt herrschte dagegen ein stetiger Fortschritt. Hinduistische Mathematiker in Indien erdachten UNSER HEUTIGES ZAHLENSYSTEM. Wie ein Lauffeuer verbreitete es sich in der arabischen Welt, denn die Kaufleute fanden, dass es das Rechnen wesentlich erleichterte.

Als die hinduistischen Zahlen Europa erreichten, trugen sie zu einer Wiederbelebung der Antike, der sogenannten **Renaissance**, bei – und damit zu einem neuen Aufschwung der Naturwissenschaften. Forscher untersuchten die rätselhafte Schwerkraft und die Bewegung der Planeten und machten dabei so manche erstaunliche Entdeckung. Kaufleute unternahmen immer waghalsigere Seereisen und erkundeten und kartografierten bis dahin unbekannte Gebiete.

Es war eine goldene Zeit des wissenschaftlichen Fortschritts und wagemutiger Forschungen – *das Zeitalter der Entdeckungen.*

WER DREHT sich UM WEN?

Die Mathematiker der Antike hatten erkannt, dass die Erde rund ist, und sogar ihre Größe berechnet. Sie beobachteten, wie die Sonne und die Planeten scheinbar auf Kreisbahnen über den Himmel zogen und leiteten daraus natürlich den Schluss ab, die Erde bilde den Mittelpunkt der Welt, um den sich alle Himmelskörper drehen. Damit lagen sie aber völlig falsch. Zwei geniale Männer entdeckten die Wahrheit: Die Erde steht keineswegs in der Mitte und die Planeten beschreiben auch keine Kreisbahnen.

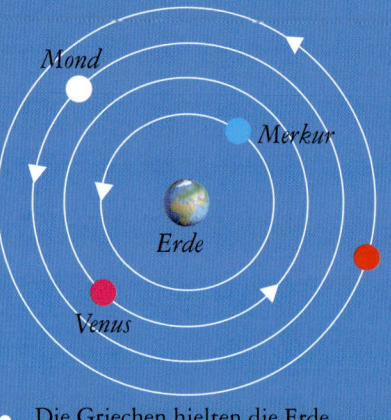

Die Griechen hielten die Erde für den Mittelpunkt der Welt.

Warum hat die Woche sieben Tage?

Warum hat die Woche sieben Tage und nicht fünf oder zehn? Das liegt daran, dass die Menschen der Antike sieben Himmelskörper zählten, die sich anders bewegten als die Sterne. Nach ihnen wurden die Tage benannt. Hier sind sie auf Deutsch, Englisch und Französisch:

Samstag (Saturday, Samedi)	SATURN
Sonntag (Sunday, Dimanche)	SONNE
Montag (Monday, Lundi)	MOND
Dienstag (Tuesday, Mardi)	MARS
Mittwoch (Wednesday, Mercredi)	MERKUR
Donnerstag (Thursday, Jeudi)	JUPITER
Freitag (Friday, Vendredi)	VENUS

KOPERNIKUS

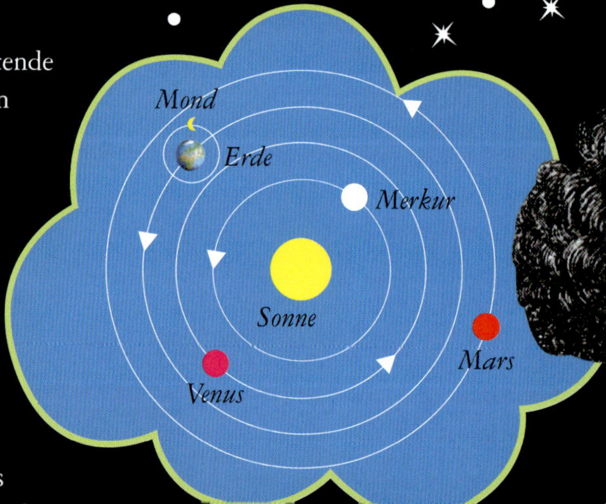

NIKOLAUS KOPERNIKUS (1473–1543)

Der polnische Astronom Nikolaus Kopernikus machte 1507 eine bedeutende Entdeckung: Er konnte die Positionen der Planeten viel genauer vorhersagen, wenn er die Sonne in den Mittelpunkt des Sonnensystems stellte. Das bedeutete jedoch, dass die Erde um die Sonne kreisen musste – ein unvorstellbarer Gedanke. Noch dazu bewegt sich dann die Sonne gar nicht wirklich über den Himmel, sondern die Erde dreht sich um sich selbst. Kopernikus hatte recht, aber er widersprach damit dem Glauben, Gott habe die Erde als Mittelpunkt aller Dinge erschaffen. Um die Kirche nicht gegen sich aufzubringen, veröffentlichte Kopernikus seine Theorie erst kurz vor seinem Tod.

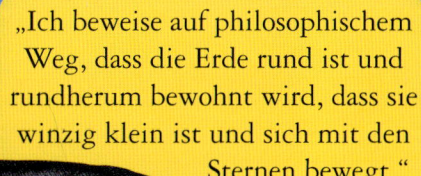

„Ich beweise auf philosophischem Weg, dass die Erde rund ist und rundherum bewohnt wird, dass sie winzig klein ist und sich mit den Sternen bewegt."

JOHANNES
KEPLER
(1571–1630)

KEPLER

Der Astronom Johannes Kepler wurde 28 Jahre nach Kopernikus' Tod in Deutschland geboren. Kopernikus hatte die Planetenbahnen für kreisförmig gehalten, doch Kepler konnte die Beobachtungen ihrer Bewegungen nicht mit Kreisbahnen in Einklang bringen und fand eine andere Lösung: Ellipsen. Anders als Kreise haben Ellipsen zwei Brennpunkte und die Sonne steht immer in einem von ihnen. Die Planeten bewegen sich in Sonnennähe schneller, als ob sie von etwas gezogen würden. Später werden wir noch sehen, dass diese Beobachtung für eine der bedeutendsten wissenschaftlichen Entdeckungen aller Zeiten sehr wichtig sein sollte.

1. Keplersches Gesetz

Die Planeten bewegen sich auf elliptischen Bahnen.

2. Keplersches Gesetz

In Sonnennähe bewegen sich die Planeten schneller. Eine Linie zwischen Sonne und Planet überstreicht in gleichen Zeiträumen gleiche Flächen.

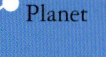

Planet

Sonne

Fläche A = Fläche B

A

B

SO KÖNNTE KEPLER SEINE THEORIE AUCH MATHEMATISCH UNBEGABTEN MENSCHEN ERKLÄRT HABEN ...

1. Der Ball wird an der Schnur befestigt und die Schnur durch das Papprohr gezogen.
2. Das Rohr bleibt ruhig in einer Hand und die Schnur in der anderen. Man zieht rasch abwechselnd an der Schnur und lässt wieder locker, damit der Ball sich im Kreis dreht.
3. In der oberen Kurve zieht man die Schnur etwas an. Wenn der Ball wieder nach unten schwingt, hält man sie lockerer. Der Ball bewegt sich dann in einer Ellipse.

ERKLÄRUNG

Beim Ziehen an der Schnur fühlt man, wie der Ball schneller wird und eine stärkere Kraft auf die Schnur ausübt. Planeten, die in die Nähe der Sonne kommen, beschleunigen auf die gleiche Weise. Kepler vermutete eine Art „magnetische" Anziehungskraft zwischen der Sonne und den Planeten, aber was war es genau? Dieses Rätsel löste später der Wissenschaftler Isaac Newton.

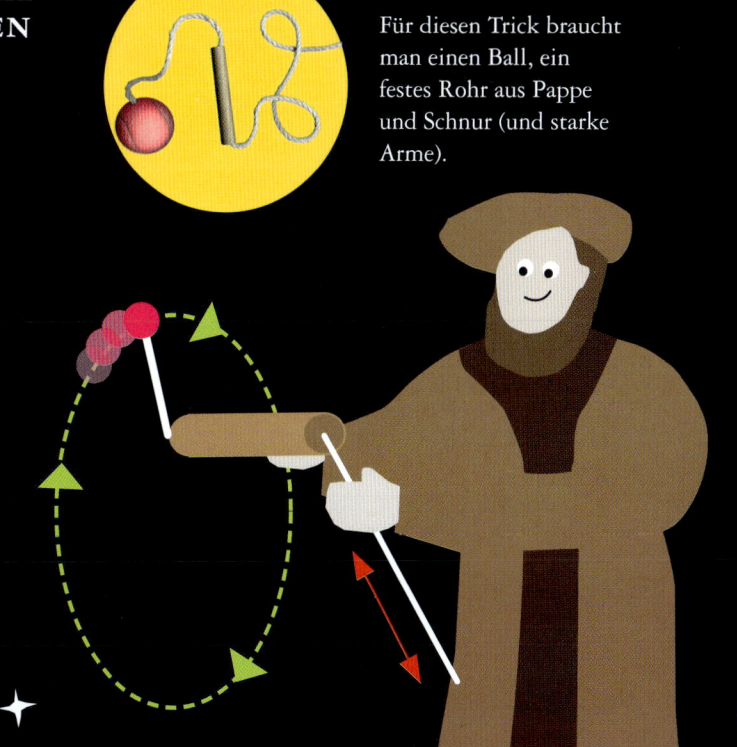

Für diesen Trick braucht man einen Ball, ein festes Rohr aus Pappe und Schnur (und starke Arme).

Galileo Galilei

Zu der Zeit, als auch Kepler lebte, gelangte ein italienischer Forscher namens Galilei zu bahnbrechenden neuen Erkenntnissen, die die Welt verändern sollten. Er war vielleicht der erste echte Naturwissenschaftler der Welt, weil er seine Theorien durch sorgfältig ausgeführte Experimente bestätigte.

HIN UND HER 1581 beobachtete der 17-jährige Galilei in der Kirche eine Lampe, die im Wind hin und her schwang. Aus reiner Neugier stoppte er mithilfe seines Pulses (Uhren gab es noch nicht), wie lange jeder Ausschlag dauerte. Egal wie weit die Lampe pendelte – jeder Schwung dauerte genau gleich lang. Zu Hause baute Galilei ein Pendel und prüfte, ob sich die Dauer der Ausschläge mit einer längeren Schnur änderte. Tatsächlich: Bei 4-fach verlängerter Schnur schwang das Pendel doppelt so langsam, bei 9-fach verlängerter Schnur dreimal so langsam. Dem Ganzen lag ein erstaunliches, aber einfaches mathematisches Muster zugrunde – das der *Quadratzahlen*.

> *„Das Universum ist ein offenes Buch, aber um es zu lesen, muss man die Sprache verstehen, in der es geschrieben ist: die Sprache der MATHEMATIK."*

GALILEO GALILEI
(1564–1642)

1
1 Sekunde
(1 · 1 = 1)

4
2 Sekunden
(2 · 2 = 4)

9
3 Sekunden
(3 · 3 = 9)

Die Länge der Pendelschnur entspricht dem Quadrat der Dauer des Ausschlags.

In einer alten Standuhr hält ein Pendel den Zeittakt.

Tick-Tack …

Galilei hatte erkannt, dass man mit einem Pendel die Zeit sehr genau messen konnte, viel besser als mit einer Sonnen- oder Wasseruhr. In späteren Jahren entwarf er eine Uhr mit Pendel, doch sie wurde erst nach seinem Tod gebaut. Pendeluhren und Uhren, die mit einem ähnlichen Mechanismus arbeiteten, blieben danach 300 Jahre lang die genauesten Zeitmesser der Welt.

VOR GALILEI hatten die Menschen angenommen, dass Gegenstände umso schneller fallen, je schwerer sie sind. Doch Galilei stellte fest, dass das Gewicht eines Pendels keinen Einfluss auf die Geschwindigkeit des Schwungs hatte. Er ließ verschieden schwere Gegenstände gleichzeitig fallen (vielleicht vom Turm von Pisa), weil er wissen wollte, ob die schweren früher am Boden ankamen, aber das Gewicht machte keinerlei Unterschied. Auch das war eine erstaunliche Entdeckung.

Rollende Kugeln

Galilei bemerkte, dass die fallenden Gegenstände *beschleunigten*. Da seine Neugier erneut geweckt war, versuchte er den Fall „abzumildern", indem er Kugeln eine Rampe hinunterrollen ließ. Da er keine Stoppuhr hatte, legte er Harfensaiten über die Rampe. So hörte er, wenn die Kugel über eine Saite rollte. Im Lauf der Versuche verschob er die Saiten, bis die Töne immer in gleichen Abständen zu hören waren. Er maß die Abstände der Saiten und entdeckte, wie beim Pendel, das Muster der Quadratzahlen.

Zeit / Abstand

1 — 1
2 — 4
3 — 9
4 — 16
5 — 25

Die Strecke, die eine fallende Kugel zurücklegt, nimmt im Quadrat der Zeitdauer zu.

Im Krieg Galilei erkannte, dass er mithilfe der Quadratzahlen die genaue Flugkurve einer Kanonenkugel berechnen konnte. Horizontal fliegen Kanonenkugeln mit gleichbleibender Geschwindigkeit, doch im Abfall von der Fluglinie nimmt auch ihre Geschwindigkeit im Quadrat zur Zeitdauer zu. Dank Galilei konnten Militärs nun die Flugbahnen von Kanonenkugeln berechnen und auch Ziele treffen, die außer Sichtweite lagen. Stadtmauern boten keinen Schutz mehr und gehörten somit der Vergangenheit an.

Die Kanonenkugel fällt in einer gekrümmten Kurve (Parabel) von der geraden Fluglinie ab, wobei der Abstand von der Fluglinie im Quadrat zur Dauer des Fluges wächst.

1
4
9

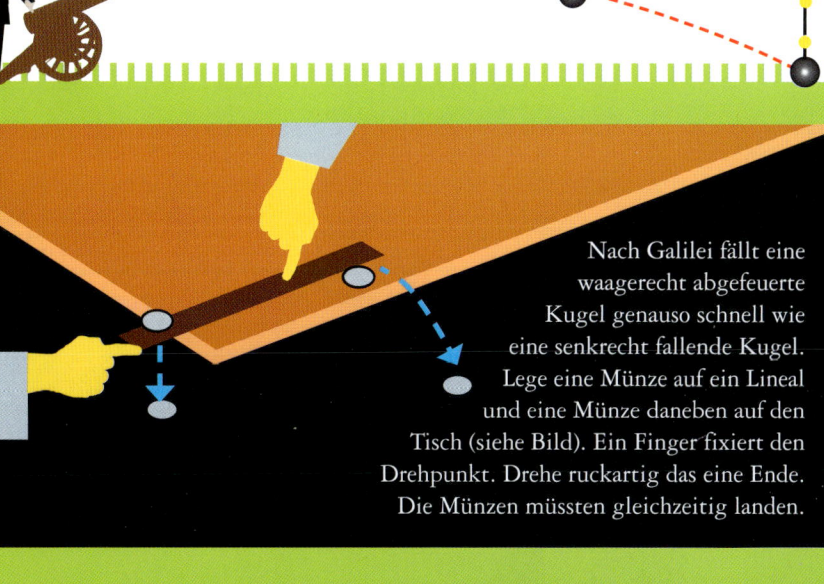

Nach Galilei fällt eine waagerecht abgefeuerte Kugel genauso schnell wie eine senkrecht fallende Kugel. Lege eine Münze auf ein Lineal und eine Münze daneben auf den Tisch (siehe Bild). Ein Finger fixiert den Drehpunkt. Drehe ruckartig das eine Ende. Die Münzen müssten gleichzeitig landen.

Aus dem Weg!

Die SCHWERKRAFT

Galilei entdeckte, dass Kanonenkugeln im Flug eine Kurve beschreiben. Kepler, dass die Planetenbahnen elliptisch sind. Im gleichen Jahr, in dem Galilei starb (1643), wurde Isaac Newton geboren. Er erkannte den Zusammenhang, setzte die Puzzleteile zusammen und stellte fest, dass es eine „Schwerkraft" (Gravitation) geben müsse.

„Wenn ich weiter gesehen habe, dann nur, weil ich auf den Schultern von Giganten stand."

Oft heißt es, dass Newton die Schwerkraft entdeckte, als ihm ein Apfel auf den Kopf fiel, aber das stimmt nicht. Er brauchte Jahre, um die Wirkungsweise der Schwerkraft zu berechnen. Dieser Groschen fiel sehr langsam!

NEWTONS APFEL

1666 floh Isaac Newton vor der Pest, die in England wütete, aus London auf den Bauernhof seiner Mutter. Als er sah, wie ein Apfel vom Baum fiel, überlegte er, ob ihn wohl dieselbe Kraft zu Boden zog, die auch den Mond anzog. Wenn ja, warum fiel dann der Mond nicht ebenfalls auf die Erde, anstatt immer weiter um die Erde zu kreisen?

„Ich bin nur ein Kind, das am Strand spielt, während riesige Ozeane der Wahrheit unentdeckt vor mir liegen."

ISAAC NEWTON (1643–1727)

UHRWERKMODELL DES SONNENSYSTEMS

Newton glaubte, dass das Universum wie ein Uhrwerk funktioniert und die Planetenbewegungen einfachen mathematischen Gesetzen gehorchen.

Die Schwerkraft

Galilei hatte festgestellt, dass Kanonenkugeln in einer Kurve zu Boden fallen, weil ihre Gewichtskraft sie von der geraden Fluglinie ablenkt. Newton fragte sich, was passieren würde, wenn die Kugel so schnell flöge, dass ihre Kurve weniger gekrümmt wäre als die Erdrundung. Die Kugel würde immer weiter fallen, ohne je zu landen – sie bliebe in einer Umlaufbahn um die Erde. In einem Geistesblitz erkannte Newton, dass der Mond genau dies tut: Er fällt und fällt, ohne je zu landen. Angezogen von der Schwerkraft der Erde fällt er zwar, aber weil er so schnell ist, kommt er ihr nie näher. Er war wie Galileis Kanonenkugel, nur viel größer.

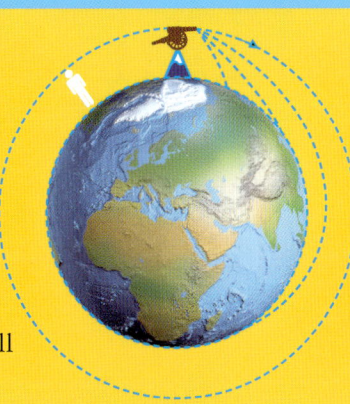

Unendliche Weiten

Als Nächstes erkannte Newton, dass auch die Planeten durch die Schwerkraft in ihrer Umlaufbahn um die Sonne festgehalten wurden. Alle Dinge mussten eine Schwerkraft haben, deren Stärke proportional zur Masse war, und die Masse der Sonne war so groß, dass sie die Planeten anzog. Newton enträtselte auch, warum die Planetenbahnen elliptisch sind. Die Schwerkraft muss mit zunehmender Entfernung schwächer werden, sodass die Planeten langsamer werden, wenn sie weit von der Sonne entfernt sind, und wieder schneller, wenn sie ihr nahekommen (wie der Ball an der Schnur auf Seite 47).

Newtons Vorzüge ...

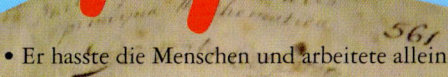 **... und schlechte Eigenschaften**

Newton war ein Genie. Er formulierte drei „Gesetze der Mechanik", die beschrieben, welche Kräfte bewirken, dass sich alle Körper im Universum – ob Atome oder Planeten – auf bestimmte Weise bewegen. Leider war er auch oft ekelhaft und *sehr* exzentrisch ...

• Er war äußerst intelligent und fleißig.
• Er löste das uralte Rätsel, wie und warum sich die Planeten um die Sonne bewegen.
• Er begründete die Physik und erkannte sehr wichtige physikalische Gesetze.
• Er erfand die Differenzial- und Integralrechnung.
• Er erklärte Aktion, Reaktion und Trägheit.
• Er entdeckte, dass sich weißes Licht aus allen Farben zusammensetzt.
• Er erfand das Spiegelteleskop.
• Er erfand Münzen mit gerilltem Rand.
• Er erfand die Katzenklappe.

561

• Er hasste die Menschen und arbeitete allein.
• Er war boshaft und machte sich viele Feinde.
• Er verschwendete viel Zeit mit der Suche nach einem Rezept zur Herstellung von Gold (unmöglich!).
• Anhand der Bibel errechnete er, dass Gott die Welt um etwa 3500 v. Chr. erschaffen hat.
• Er durchforstete sein Hauptwerk, *Principia*, um sicher zu sein, dass der Wissenschaftler Robert Hooke, den er hasste, nirgends erwähnt wurde.
• Seiner Mutter und seinem Stiefvater drohte er, ihr Haus anzuzünden und sie zu ermorden.

Mit Tinte und Feder schrieb er per Hand seine Theorie in einem dicken Buch mit dem Titel *Principia* (siehe Bild) nieder. Aus reiner Bosheit formulierte er sie so kompliziert wie möglich.

Wo bin ich?

Bis ins Mittelalter hinein unternahmen die Menschen sehr selten weite Reisen. Nur Kriegsheere und Kaufleute wagten sich weiter als ein paar Kilometer von ihrer Heimat weg. Landkarten gab es kaum. Reisende verließen sich auf schriftliche Anweisungen oder merkten sich Geländemerkmale wie Flüsse, Berge und Städte.

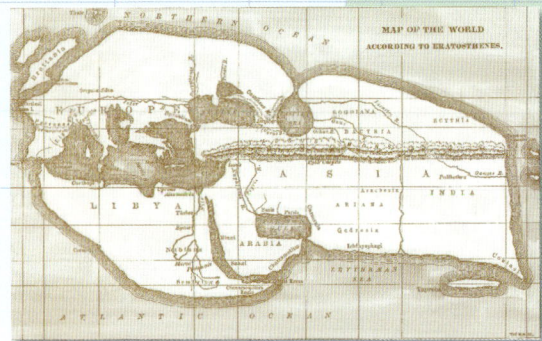

Eratosthenes konzentrierte sich auf bekannte Gebiete. Alles andere zeichnete er sehr ungenau.

Wo gibt es Landkarten?

Bevor man eine Reise antritt, sollte man zunächst wissen, wo man ist. Als die Griechen die Größe der Erde kannten, versuchte der Astronom Eratosthenes, sie auf eine flache Karte zu zeichnen. Er zog ein Gitter aus waagerechten und senkrechten Linien, den Längen- und Breitengraden, in das er wichtige Orientierungspunkte und Küstenlinien eintrug. Breitengrade berechneten die Griechen ziemlich genau, aber die Längengrade bereiteten ihnen große Probleme. Die Karte bildete zwar den Mittelmeerraum recht gut ab, aber für den Rest der Welt war sie unbrauchbar.

Der Äquator ist der Breitengrad 0.

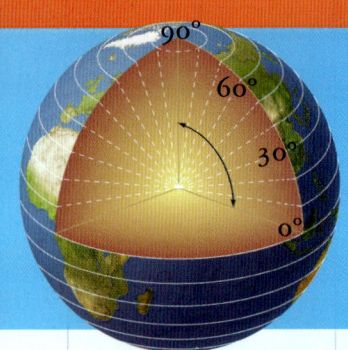

Die Breitenkreise auf einer Karte geben an, wie weit nördlich oder südlich ein Ort liegt. Diese horizontalen Linien verlaufen parallel zum Äquator. Sie werden in Winkeln vom Äquator aus gemessen und liegen daher zwischen 0° (Äquator) und 90° (Nord- oder Südpol). Auf Karten wird angegeben, ob es sich um nördliche oder südliche Breitengrade handelt. Man schreibt entweder: „30° (Grad) N", „30° S" oder „+30 Grad" für nördliche und „−30 Grad" für südliche Breite.

Breitengrade

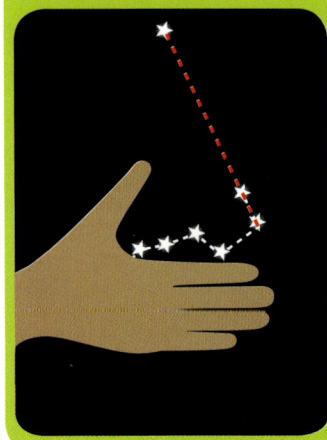

Polarstern

Breitengrad bestimmen

Anhand des Abstands des Polarsterns vom Horizont kann man den eigenen Breitengrad grob errechnen. Hält man die Hand mit den Fingern parallel zum Horizont, kann man die Fingerbreiten zählen. Die Breite von vier Fingern entspricht dabei rund 15 Breitengraden. Das Gegenstück zum Polarstern auf der Südhalbkugel ist der Stern Sigma im Sternbild Oktant, der auch Polaris Australis genannt wird.

Das Astrolabium

Griechische und arabische Seeleute und Astronomen maßen Breitengrade mit Astrolabien: Scheiben, auf denen ein Kalender, eine Sternkarte sowie am Rand die Grad- oder Stundeneinteilung eingezeichnet waren. Darauf saß eine bewegliche Scheibe mit den wichtigsten Sternen und dem Jahreslauf der Sonne. Mit den Zeigern wurde der Horizont an einem Stern oder der Sonne ausgerichtet. So ermittelte man den Breitengrad oder, wenn man die Position bereits kannte, Datum und Uhrzeit.

Meridiane

Die geografische Länge gibt an, wie weit östlich oder westlich ein Ort auf der Karte liegt. Ihre Linien (Meridiane) verlaufen vom Nord- zum Südpol. Der Äquator bildet einen Kreis, der von 360 Längengraden geteilt wird. Der Haupt- oder Nullmeridian verläuft durch London. Längengrade werden von dieser Linie aus östlich (positiv) oder westlich (negativ) gezählt, in beiden Richtungen gibt es 180 Längengrade.

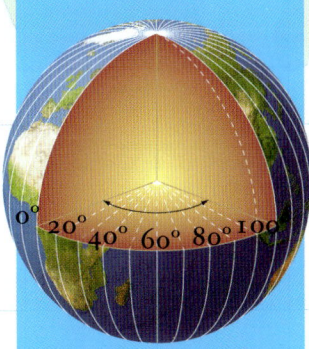

Die Linie, auf der Ost und West sich treffen, ist die Datumsgrenze. Sie liegt im Pazifik. Auf der einen Seite liegt gestern und auf der anderen schon morgen. Wer behauptet da noch, dass Zeitreisen unmöglich sind?

Den Längengrad bestimmen

Der griechische Mathematiker Ptolemäus erstellte als einer der Ersten eine Liste von Orten mit Längen- und Breitengraden. Um die geografische Länge zu bestimmen, muss man die Zeit exakt messen, doch leider gab es noch keine genauen Uhren. Ptolemäus schlug sich nicht schlecht, aber es sollte 1700 Jahre dauern, bis dieses Problem gelöst war.

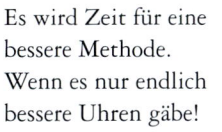

Es wird Zeit für eine bessere Methode. Wenn es nur endlich bessere Uhren gäbe!

CLAUDIUS PTOLEMÄUS (CA. 90–168 n. Chr.)

Koordinaten

Kartografen und Navigatoren bestimmen Punkte auf der Erdoberfläche mit ihren Längen- und Breitengraden: den Koordinaten. Schon der griechische Astronom Hipparchos legte so die Position der Sterne fest und wandte sie dann auch auf die Erde an. Zuerst wandert man vom Äquator aus nord- oder südwärts zur geografischen Breite, dann vom Nullmeridian nach Osten oder Westen zur geografischen Länge. Wo sich beide Linien kreuzen, ist die eigene Position. Die Koordinaten von Oklahoma City schreibt man z. B.: 35 N, 97 W.

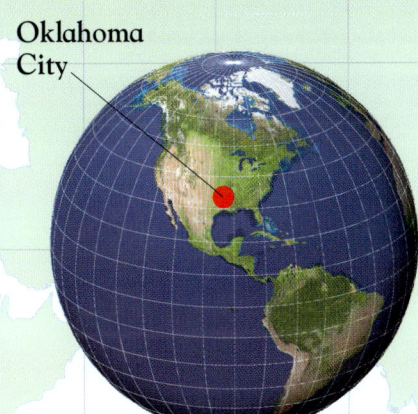

Oklahoma City

Er ist vom Nord- und Südpol gleich weit entfernt.

DIE HIMMELSRICHTUNGEN

Niemand weiß, wie Norden, Süden, Osten und Westen entstanden sind. Sehr früh erkannten die Menschen, dass die Sonne im Osten (wie wir ihn heute nennen) auf- und gegenüber im Westen wieder untergeht. Ihren höchsten Punkt erreicht sie im Süden. Ein Reisender, der wusste, wo die Sonne zu den unterschiedlichen Tageszeiten stand, konnte ziemlich genau sagen, in welcher Richtung sein Ziel lag.

Die Kompassrose

Der Kompass

Im 11. Jh. bauten die Chinesen den ersten Kompass. Sie hatten erkannt, dass sich eine Eisennadel, die man an einem magnetischen Stein rieb, auf einer Wasseroberfläche in Nord-Süd-Richtung aus- richtete – allerdings nur an Land und nicht auf hoher See. In Europa wurde um 1300 der „Trockenkompass" erfunden, in dem sich die Nadel um die Spitze eines Stifts drehte. Eine kardanische Aufhängung sorgte dafür, dass der Apparat immer waagerecht blieb. Die Nadel bewegte sich unabhängig von der Kompassrose, die sich so drehen ließ, dass sie in die gewünschte Richtung zeigte.

Trockenkompass

Aufhängung

Die Seefahrt

Es war sehr schwer, sich auf dem Meer zurechtzufinden. Anfangs blieben die meisten Schiffe in Küstennähe, wo sie Häfen, Flussmündungen, Buchten und Landzungen erkennen konnten. Auf diese Weise waren sie aber oft viel länger unterwegs oder gerieten in feindliche Gewässer. Manchmal ging es nicht anders: Sie mussten aufs offene Meer hinausfahren und sich an Sonne und Sternen orientieren.

> Heute ist es zu unruhig, ich kann das Astrolabium nicht genau ablesen.

Wagemut

Die Seefahrer waren ausgerüstet mit Astrolabien und Positionstabellen der Sonne und der Sterne, um die geografische Breite zu bestimmen. Am richtigen Breitengrad angelangt, segelten sie west- oder ostwärts in Richtung ihres Ziels, doch sicher war diese Methode keineswegs. Auf dem rollenden

> Die Breite stimmt, Käpt'n. Geht es nun nach rechts oder links?

Deck eines Schiffs auf hoher See ist es schwer, Winkel zu messen, und schon ein Fehler von wenigen Graden konnte bedeuten, dass man das Land verfehlte. Wolken und Nebel, die Sonne und Sterne verdeckten, waren ebenfalls ein Problem. Teilweise konnten sich die Seeleute mit dem Kompass orientieren, aber manchmal brauchten sie klaren Himmel, um die geografische Breite zu ermitteln.

Diese Karte zeigt die Küste Nordwestafrikas. Die Portugiesen waren die Ersten, die auf der Suche nach Gold die Südspitze Afrikas umfuhren.

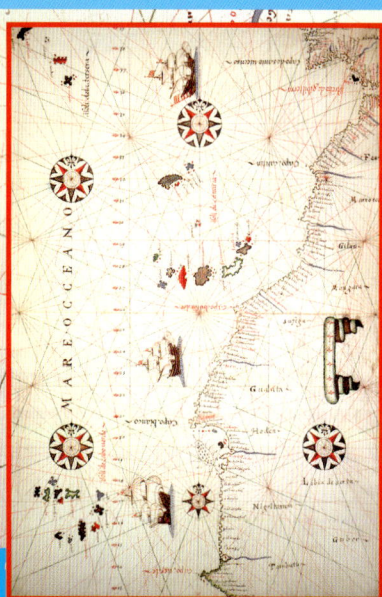

Portolankarten

Der Kompass brachte die Navigation auf See einen großen Schritt vorwärts. Ende des 13. Jh. hatten die Seefahrer begonnen, anhand von Kompassangaben und Breitengradmessungen Karten der Küstenlinien Europas zu zeichnen. Diese sogenannten Portolankarten waren mit Verbindungslinien zwischen Häfen und Landmarken entlang der gesamten Küste durchzogen. Setzte man den Kompass auf die richtige Marke und folgte der Linie, gelangte man sicher ans Ziel.

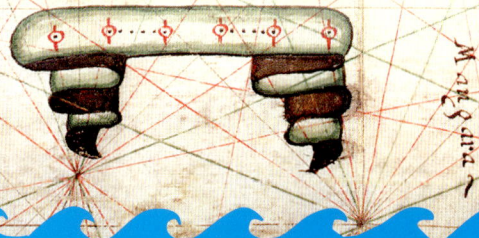

Ahoi, und immer eine steife Brise!

MESSINSTRUMENTE

Sind wir bald da?

Auch wenn die Richtung stimmte, konnten die Seefahrer ihre Position trotzdem nur „genau schätzen". Sie mussten die Geschwindigkeit kennen und wissen, wie viel Zeit seit der Abfahrt vergangen war. Die Zeit maß man per Sonnenuhr, Astrolabium oder – weniger genau – per Sanduhr, die Geschwindigkeit mit einem Handlog (siehe rechts) oder indem man Fässer vom Bug warf und prüfte, wie lange es dauerte, bis sie das Heck passierten. Die Geschwindigkeit multipliziert mit der Zeit ergab die zurückgelegte Entfernung. Angaben über Kurs und Strecke wurden täglich ins „Logbuch" eingetragen. Starke Strömungen und Winde störten die Messungen jedoch immer wieder.

> Die Sonnenuhr geht wohl nach – wir müssten schon in Genua sein.

Dem Vogel nach!

Manchmal verwendeten die Seefahrer Krähen als Navigationshilfe. Bei schlechtem Wetter ließ man sie aus dem Käfig am Mast (dem „Krähennest"), denn die Vögel flogen immer geradewegs in Richtung Land.

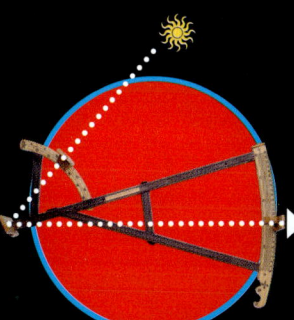

Das Handlog

Das Handlog war ein Viertelkreis aus Holz, der an einer Schnur befestigt war. In der Schnur waren Knoten im Abstand von jeweils rund 14,4 m. Das Brett wurde am Heck ins Wasser geworfen und ein Mann zählte, wie viele Knoten innerhalb von 28 Sekunden abgewickelt wurden. Danach konnten die Seefahrer die Schiffsgeschwindigkeit schätzen.

Das See-Astrolabium

Das war eine schwerere Version des Astrolabiums mit ausgeschnittenen Löchern, damit der Wind hindurchwehen konnte. Mit seinem schwenkbaren Zeiger konnte man die Höhe der Sonne oder eines Sterns messen. Man schwenkte den Zeiger so, dass das Licht der Sonne genau durch Löcher an seinen beiden Enden schien oder der Stern sichtbar wurde. Dann las man den Winkel des Zeigers an der Skala der Kante des Astrolabiums ab und schlug ihn in astronomischen Tabellen nach.

Der Quadrant

Der Quadrant war ein Viertelkreis aus Holz oder Messing. Entlang des Umfangs war eine 90°-Skala markiert. Von der Mitte hing ein Schnurlot herab. Die Oberkante wurde an einem Stern ausgerichtet. Die Markierung, an der das Schnurlot die Skala kreuzte, gab an, in welchem Winkel der Stern über dem Horizont stand.

Der Jakobsstab

Der Jakobsstab bestand aus einem langen Stab mit einer Ableseskala. Ein verschiebbarer Stab, das Querholz, war im rechten Winkel daran befestigt. Der Seefahrer legte den Stab an der Wange an und bewegte das Querholz, bis die beiden Enden den Horizont und die Sonne oder einen bestimmten Stern gerade berührten. Mithilfe der Skala konnte er dann die geografische Breite ermitteln.

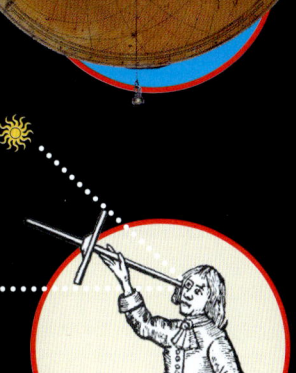

Der Davis-Quadrant

Er funktionierte ähnlich wie der Jakobsstab, schonte aber die Augen, weil man nicht in die Sonne blickte. Man verschob den Schieber auf dem kleinen Bogen, bis sein Schatten auf den Schlitz am Ende des Stabes fiel. Dann verschob man den Schieber mit Schlitz entlang des großen Bogens, bis man durch beide Schlitze den Horizont erblickte. Anhand der Skalenwerte an den Bogen wurde die geografische Breite errechnet.

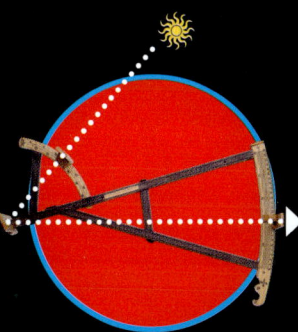

MERIDIANE

Die geografische Länge zu bestimmen, war lange das größte Problem der Seefahrt. Man braucht dazu die Uhrzeit der aktuellen Position und die Uhrzeit zu Hause.

DIE ERDE dreht sich alle 24 Stunden einmal um ihre Achse (360°). Fährt man also 15 Grad nach Osten, verschiebt sich die Zeit um eine Stunde nach vorn (in Richtung Westen nach hinten). Anhand dieses Unterschieds lässt sich die geografische Länge errechnen. Wenn es in London 12 Uhr Mittag ist, die eigene Uhr aber 7 Uhr früh anzeigt, befindet man sich fünf Stunden westlich von London. Multipliziert man 5 mit 15, ergibt sich eine geografische Länge von 75 Grad. Man befindet sich also auf einem Punkt einer Linie, die durch New York verläuft.

Wo sind wir?

Keine Ahnung!

Seht ihr den Mond?

Es wird Zeit, das Problem zu lösen!

Bis Mitte des 17. Jahrhunderts wusste man nie genau, wie weit östlich oder westlich man sich befand, weil man die Zeit auf See nicht genau messen konnte. Mehrere Forscher fanden Methoden, die Zeit durch Beobachtung des Mondes und der Planeten zu messen, aber keine war perfekt. Manche waren tagsüber oder in wolkigen Nächten nicht zu gebrauchen, bei anderen war die Berechnung der Bahn des Mondes zu kompliziert. 1530 schlug der holländische Kartograf **GEMMA FRISIUS** vor, bei der Abfahrt eine Uhr zu stellen. Unterwegs konnte man ihre Zeit mit der örtlichen Zeit vergleichen (abgelesen vom Astrolabium). Das Prinzip war richtig, aber es blieb ungenau, weil die damaligen Pendeluhren auf den langen Seereisen immer nachgingen.

So könnte es gehen – jetzt kriege ich das Geld!

Harrison löst das Uhrenproblem

Die britische Regierung setzte 1714 eine Belohnung von 20 000 Pfund für eine verlässliche Methode zur Bestimmung des Längengrads auf See aus. John Harrison, ein Tischler und Uhrmacher, stellte 1735 eine Uhr vor, die er H1 nannte. Statt eines Pendels hatte sie ein Paar schwingende Stäbe. Bei einem Versuch ging sie zwar sehr genau, aber der unzufriedene Harrison baute noch zwei Uhren, H2 und H3, bevor er die H4 vorstellte, die wie eine Taschenuhr gebaut war, mit einem schwingenden Unruhring als Taktgeber. Harrison fügte Edelsteine als Lager hinzu und reichte sie 1759 ein. Auf einer 81-tägigen Seereise nach Jamaika 1761 ging die H4 nur fünf Sekunden nach, was die Bedingungen für den Preis mehr als erfüllte. Dennoch erhielt Harrison das Geld erst 1773.

H4

Der Winkel zwischen dem Mond und einem Stern ist zu einem bestimmten Zeitpunkt gleich, egal an welchem Ort der Erde man ihn misst. Mit diesem Wissen kann man Zeitunterschiede berechnen, auch wenn die Rechnungen kompliziert sind.

Abstand zum Mond

Gemessener Winkel

Höhe des bekannten Sterns über dem Horizont

Höhe des Mondes über dem Horizont

Auf dieser Seite muss er sein … Ah, da ist er!

Ja! Wir entdecken gerade … Äh, weiß jemand, wo wir sind?

HORIZONT

Messung anhand des Mondes

Es dauerte noch lange, bis sich Seefahrer genaue Uhren leisten konnten. Die meisten hatten ein Buch mit Tabellen der Entfernungen zwischen dem Mond und neun hellen Sternen sowie den Uhrzeiten, zu denen diese in Greenwich, London, eintraten. Der Navigator maß den Winkel zwischen dem Mond und einem Stern und ermittelte ihren Abstand. Der Tabelle entnahm er die Uhrzeit in London und anhand der Höhe des Sterns ermittelte er die örtliche Uhrzeit.
Durch einen Vergleich konnte er die geografische Länge berechnen.

Kapitän James Cook war ein berühmter Seefahrer. Er segelte als Erster in beiden Richtungen um die Erde und entdeckte dabei Australien, Neuseeland, die Antarktis und viele Pazifik-inseln. Zur Berechnung des Kurses seiner ersten Reise nutzte er Schätzungen sowie einen Sextanten und Kompass. Auf der zweiten und dritten Reise hatte er bereits die H4, mit der er die Länge viel genauer berechnen und detaillierte Karten anfertigen konnte.

JAMES COOK
(1728–1779)

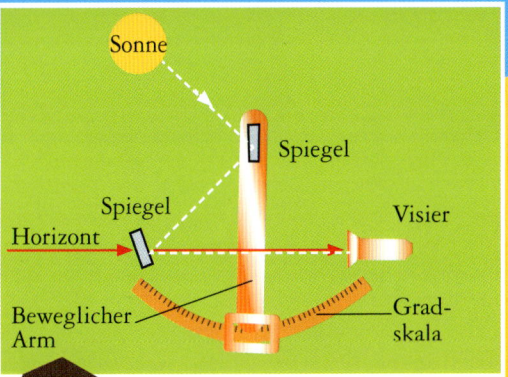

Sonne

Spiegel

Spiegel

Horizont

Visier

Beweglicher Arm

Grad-skala

Der Sextant, 1757 von John Campbell entwickelt, funktionierte ähnlich wie der Quadrant, hatte aber Spiegel, die das Licht eines Sterns und des Horizonts einfingen. Der Arm wurde entlang der Gradskala verschoben, bis das Licht des Sterns mit dem Licht vom Horizont in Übereinstimmung gebracht war. So ermittelte man seinen Winkel. Mit dem Sextanten konnte man Breiten- und Längengrad genau ermitteln, ohne in die Sonne blicken zu müssen.

Landkarten

VIELLEICHT IST MIR EIN FEHLER PASSIERT …

CLAUDIUS PTOLEMÄUS
(90–168 n. Chr.)

Ohne Mathematik gäbe es keine Landkarten. Weil es sehr schwierig ist, die runde Erde auf einer flachen Karte abzubilden, ist keine Karte perfekt. Es gibt aber viele Wege, eine gewünschte Ansicht zu zeichnen.

LEICHT DANEBEN

Der griechische Mathematiker Ptolemäus erstellte eine Liste der Längen- und Breitengrade und zeichnete daraus eine Karte. Sein großer Fehler war, dass er die Erde für viel kleiner hielt, als sie ist, sodass alle seine Koordinaten falsch waren. Viele Seeleute wussten das, aber selbst wenn sie die Angaben korrigierten, segelten sie nicht gern zu weit nach Westen, weil sie nicht genug Vorräte mitnehmen konnten.

WO KOMMT DER KONTINENT HER? AUF DER KARTE IST ER NICHT!

Christoph Kolumbus

Obwohl auch Kolumbus wusste, dass Ptolemäus' Angaben wahrscheinlich falsch waren, segelte er 1492 auf der Suche nach einer schnelleren Route zu den Reichtümern Süd- und Südostasiens nach Westen. Hätte er gewusst, dass Japan nicht 3700 km (wie er berechnet hatte), sondern 19 600 km von den Kanarischen Inseln entfernt war, wäre er wohl nie losgesegelt. Er hatte keine Ahnung, dass auch noch Amerika zwischen ihm und seinem Ziel lag.

ICH HAB VOLL DEN PLAN!

ARCHIMEDES
(287–212 v. Chr.)

Rund und flach

Glücklicherweise hatte der griechische Mathematiker Archimedes erkannt, dass die Oberfläche einer Kugel ($4\pi r^2$) genauso groß ist wie die eines offenen Zylinders, der sie umschließt ($2\pi r \cdot 2r = 4\pi r^2$). Zeichnet man eine Linie vom Erdmittelpunkt durch jeden Punkt der Oberfläche, kann man den Punkt auf den Zylinder übertragen. Rollt man den Zylinder aus, hat man eine flache Karte.

Gerhard Mercator, ein flämischer Kartograf und Globenhersteller, fertigte 1596 mithilfe der Zylindermethode eine Weltkarte. Bei dieser Art „Projektion" ergeben sich eine Reihe von Problemen, denn die Kontinente werden sowohl in Nord-Süd- als auch in Ost-West-Richtung gestreckt. Je weiter nördlich und südlich man kommt, desto weiter liegen die Breitengrade auseinander. In Polnähe wird die Entfernungsmessung schwierig – es ist ganz unmöglich, die Pole zu zeichnen. Auch die Landflächen werden verfälscht. Grönland und die Antarktis erscheinen verzerrt und viel größer, als sie tatsächlich sind.

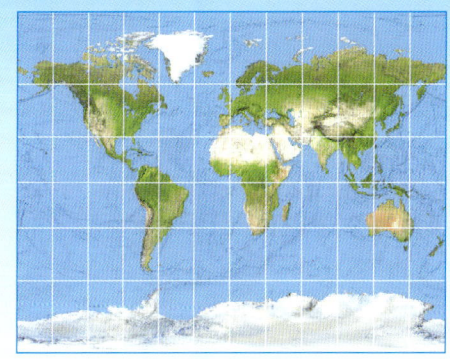

Auf Mercators Karte sind die Längen- und Breitengrade als gerade Linien eingezeichnet.

London

New York

Für die Seefahrer erwies sich **Mercators** Karte als sehr nützlich, weil sie den Kurs in gerader Linie einzeichnen konnten. Bis es möglich war, die Längengrade zu messen, segelten sie nach Kompass. Auf flachen Karten erscheinen gerade Linien zwar als die kürzesten Strecken, die kürzeste Entfernung zwischen zwei Punkten auf einer Kugel liegt jedoch in Wirklichkeit auf dem **Großkreis**.

Meinst du, wir fallen herunter?

Großkreis

Großkreisstrecke

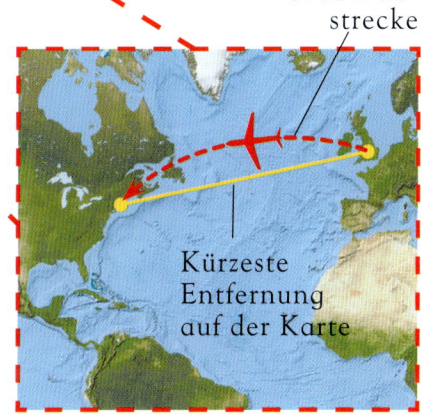

Kürzeste Entfernung auf der Karte

GROSSKREISE

Großkreise teilen die Erde in zwei gleiche Hälften. Der Abstand zwischen zwei Punkten auf ihrem Umfang ist immer die kürzest mögliche Entfernung. Die kürzeste Entfernung zwischen London und New York auf einer Mercator-Karte sieht zwar gerade aus, aber Flugzeuge fliegen meist auf einem Großkreis, der über Schottland, südlich an Grönland vorbei, über Kanada nach New York führt.

Verschiedene Projektionen

Da die Mercator-Karte Größe und Form vieler Länder verzerrt, haben Kartografen je nach Verwendungszweck der Karten viele verschiedene Projektionen ausgearbeitet.

Die unterbrochene Projektion teilt die Erde in mehrere Teile. Sie ist form- und flächentreu, aber wenn sie zu viele Teile hat, ist sie manchmal schwer zu überblicken.

Die Azimutalprojektion liefert kreisförmige Karten. Mittelpunkt ist ein Punkt der Erdoberfläche, meist ein Pol. Seit Hipparchos wird diese Projektion auch für Sternkarten verwendet.

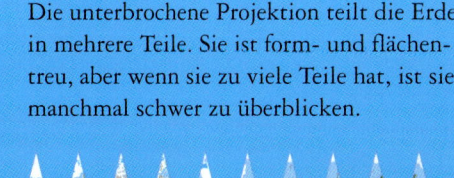

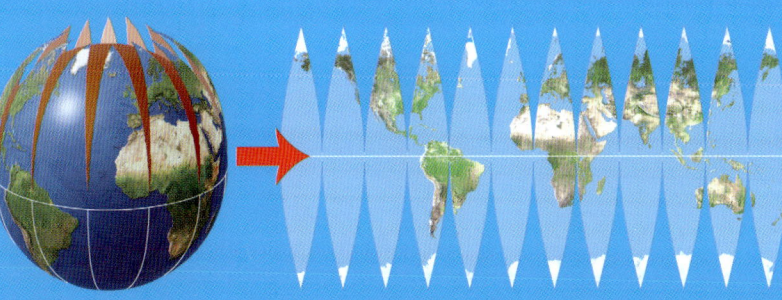

MODERNE Messungen

Ich lahme Schnecke bin schneller als ein Elektron!

Es ist leicht, die Größe und Form eines Gegenstands zu messen, den man sehen und anfassen kann. Aber wie misst man unsichtbare Dinge wie WÄRME und SCHALL? Und wie misst man etwas, was so *klein* oder so **GROSS** ist, dass man es sich kaum vorstellen kann, wie ATOME oder GALAXIEN?

Die genialen Erkenntnisse von GALILEI und NEWTON, die wir im vorhergehenden Kapitel kennengelernt haben, markierten den Beginn des Zeitalters der Wissenschaft. Diese beiden waren die ersten echten Naturwissenschaftler, weil sie nicht nur Theorien entwickelten, sondern sie auch durch **Experimente** und **Messungen** beweisen wollten.

Ihnen folgten weitere Wissenschaftler, die starke MIKROSKOPE und TELESKOPE bauten, um das Unbekannte genauer zu betrachten. Sie erfanden Geräte, mit denen sie Wärme, Licht, Druck und Schall maßen, und sie entdeckten die ELEKTRIZITÄT, die ATOME und erstaunliche neue Formen der ENERGIE, die in unsichtbarer Form schon immer existierten. *Diese Revolution veränderte die Welt für immer – und ohne* MATHEMATIK *wäre nichts davon je denkbar gewesen.*

Das alles ist Naturwissenschaft, und sie beruht letztlich auf Messungen.

Heiß *und* kalt

Temperatur
beim Urknall

510 Millionen °C
Höchste im Labor
erreichte Temperatur

25 000 °C
Stern
Bellatrix
im Orion

5500 °C
Temperatur
auf der Sonnen-
oberfläche

4700 °C
Temperatur
des Erdkerns

120 °C
Temperatur auf
der „Sonnenseite"
des Mondes

100 °C
Wasser
kocht

58 °C
Höchste
Temperatur
auf der Erde

37 °C
Körper-
temperatur

Eis ist kalt und Feuer ist heiß. Das fühlt man bereits, wenn man danebensteht. Woher weiß man aber, wie heiß oder kalt etwas ist? *Dazu misst man die Temperatur.*

Was ist Wärme?

Wärme ist eine Form der *Energie*. Sie wird durch die *Bewegungen der Atome und Moleküle* erzeugt. Je schneller sie sich bewegen, desto wärmer sind sie. Wie warm genau etwas ist, gibt die Temperatur an. Kälte ist ein Mangel an Energie – die Atome und Moleküle in einem Gegenstand bewegen sich langsam. Je langsamer sie werden, desto kälter wird der Gegenstand. Der Punkt, an dem sie sich nicht mehr bewegen, heißt absoluter Nullpunkt.

DER SEESTERN
FÜHLT SICH
KÜHL AN.

Wärmebilder

Alles hat eine Temperatur, aber wir Menschen können es den Gegenständen selten ansehen, ob sie warm oder kalt sind. Wärmekameras empfangen die unsichtbare Infrarotstrahlung, also die Wärmestrahlung, die von warmen Objekten abgegeben wird, und verwandeln sie in sichtbare Bilder. Je heißer ein Objekt, desto mehr Infrarotstrahlung sendet es aus. Daher kann man kühle Dinge gut vom warmen Hintergrund unterscheiden.

Auf diesem Bild sind die heißesten Bereiche *weiß*, die kältesten *lila* dargestellt. Ärzte suchen auf solchen Bildern nach Tumoren, die wärmer sind als der übrige Körper. Auch die Feuerwehr sucht in rauch-erfüllten Gebäuden mit Infra-rotkameras nach Menschen.

Thermometer

Es gibt viele Möglichkeiten, die Temperatur zu messen, aber meist benutzt man dazu ein Thermometer. Thermometer sind geschlossene Glasröhren, die eine Flüssigkeit enthalten (Quecksilber, Alkohol), die sich bei Wärme **ausdehnt**, d. h. nach oben steigt, und bei Kälte zusammenzieht, also wieder nach unten sinkt. An einer Skala lässt sich dort, wo die Flüssigkeit steht, die Temperatur ablesen.

Temperaturskalen

Bis 1742 verwendete jeder Thermometer-Erfinder seine eigene Skala. Heute gibt es nur noch drei verschiedene, die von Anders Celsius, Daniel Fahrenheit und Lord Kelvin entwickelt wurden. Will man Celsius in Fahrenheit umrechnen, multipliziert man die Temperatur mit 2, zieht ein Zehntel ab und addiert 32 hinzu.

Celsius legte den Gefrierpunkt des Wassers bei 0 °C fest, den Siedepunkt bei 100 °C. Kelvin hat dieselbe Gradeinteilung, aber seine Skala beginnt bei –273 °C, dem absoluten Nullpunkt. Bei Fahrenheit liegt der Gefrierpunkt (0 °C) bei 32 °F, weil er für 0 °F eine Eis-Salz-Mischung verwendete. Die Obergrenze seiner Skala war die Körpertemperatur von 98,6 °F. Der Siedepunkt kam erst später hinzu. Er liegt bei 212 °F, also 180° über dem Gefrierpunkt.

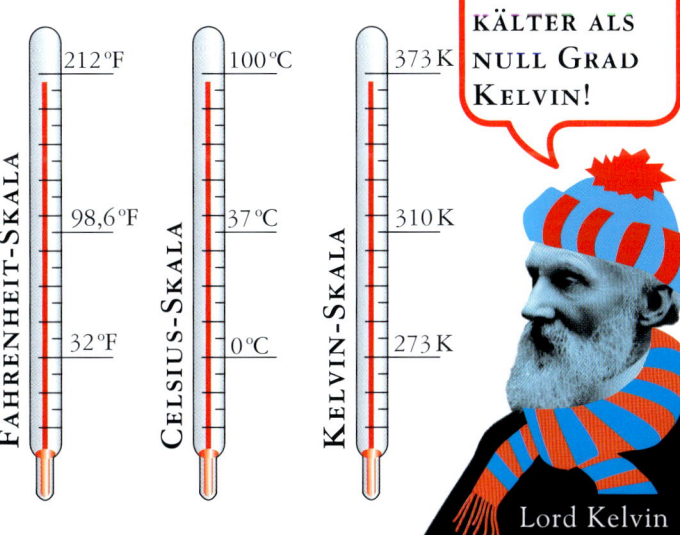

FAHRENHEIT-SKALA
212 °F
98,6 °F
32 °F

CELSIUS-SKALA
100 °C
37 °C
0 °C

KELVIN-SKALA
373 K
310 K
273 K

> **NICHTS WIRD KÄLTER ALS NULL GRAD KELVIN!**

Lord Kelvin

Achtung, Verbrennungsgefahr!

Die *heißesten* Objekte im Universum sind die Sterne. Ihre Temperatur wird von den Astronomen an dem Licht abgelesen, das sie aussenden. Wenn Elemente sich erwärmen, *senden die Atome Licht in jeweils anderen Farben aus.* Aus der Farbe und der Helligkeit des Lichts ersehen die Astronomen, wie heiß der Stern ist.

40 000 K	18 000 K	10 000 K	7000 K	5500 K	4000 K	3000 K

Geht es noch tiefer?

Der absolute Nullpunkt wird nirgendwo erreicht. Im Labor ist man ihm aber schon sehr nahegekommen. Bei dieser Kälte geschehen mit der Materie seltsame Dinge: Eine Wolke aus Millionen von Atomen verhält sich plötzlich wie ein Superatom und bildet einen extremen Aggregatzustand, der Bose-Einstein-Kondensat genannt wird. Fluide dieser Art klettern z. B. Behälterwände hinauf.

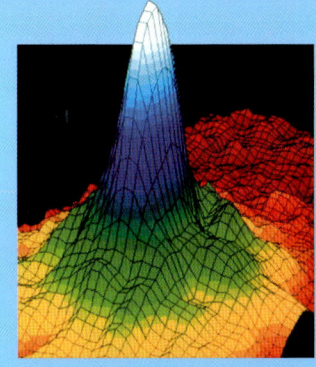

Hier sieht man, wie eine Wolke Rubidiumatome (rot) sich beim Abkühlen zusammenzieht, bis sie sich nahe dem absoluten Nullpunkt auf engstem Raum an der Spitze der weißen Fläche treffen.

Heiß und kalt

273 K

Wasser gefriert

184 K
Kälteste Temperatur auf der Erde

120 K
Temperatur auf der „Schattenseite" des Mondes

77 K
Luft wird flüssig

53 K
Oberflächentemperatur des Pluto

3 K
Temperatur im Weltraum

1 K
Bumerangnebel

0 K
Absoluter Nullpunkt

Energie messen

Energie ist der Antrieb für alles, was geschieht. Verbrauchte Energie verschwindet nicht einfach, sondern wird in andere Energieformen umgewandelt. Energie ist unsichtbar, aber z. B. an Licht, Schall, Wärme und Bewegung erkennt man ihre Gegenwart und ihre Wirkung.

Newton

Die nach Isaac Newton benannten Newton sind die Einheit der Kraft. Man definiert mit ihrer Hilfe auch die Einheit der Energie (Joule). Eine Kraft ist ein Zug oder Druck. Die Zugkraft der Schwerkraft auf einen fallenden Apfel beträgt etwa ein Newton (1 N).

AUA! Newton tun weh!

Joule

Ein Joule (1 J) ist die Menge an Energie, die aufgebracht wird, um etwas mit der Kraft von 1 N (z. B. einen Apfel) einen Meter hoch zu heben. Dieselbe Menge an Energie wird freigesetzt, wenn dieser Apfel einen Meter fällt. Selbst im Sitzen gibt der Körper in jeder Sekunde 100 J Wärmeenergie ab.

JAMES PRESCOTT JOULE

HOPPLA!

Die Erde erhält jeden Tag

ungeheure Energiemengen von der Sonne. Durch Satellitenbeobachtung wissen wir, dass nur etwa die Hälfte davon auf der Erdoberfläche ankommt. Der Rest wird in den Weltraum reflektiert. Trotzdem bleibt viel übrig: In jeder Stunde kommt ungefähr so viel Energie an, wie die ganze Menschheit in einem Jahr verbraucht.

① Die Sonne sendet 386 Quadrillionen Watt aus.

② Die Energiemenge, die auf die Atmosphäre trifft, beträgt 174 Billiarden Watt.

③ 89 Billiarden Watt werden von Land und Meer aufgenommen.

④ Der Rest wird ins All zurückgeworfen.

Wie viel Leistung?

1 W
Fliegender Kolibri

30 W
CD-Spieler

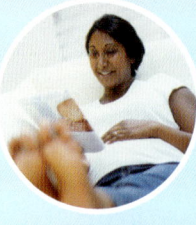

80 W
Lesender Mensch

300 W
Mixgerät

380 W
Gehender Mensch

ENERGIE UND LEISTUNG

Leistung gibt an, wie viel Energie produziert oder verbraucht wird. Ein Moped und ein Lastwagen haben zwar vielleicht die gleiche Menge Energie im Tank gespeichert, aber der Lastwagen kann sie schneller verbrauchen und bringt daher mehr Leistung. Leistung wird in Watt (früher Pferdestärken, PS) gemessen.

Energie bewirkt Veränderungen, z. B. das Schmelzen von Eis.

Watt

Das nach dem schottischen Erfinder James Watt benannte Watt ist die Einheit der Leistung. Ein Watt entspricht einem Joule pro Sekunde. Eine 100-W-Glühlampe verbraucht also pro Sekunde die Energie von 100 Joule.

WATT 'NE TOLLE IDEE!

Pferdestärken

Die Pferdestärke (PS) ist eine alte Einheit, mit der James Watt die Leistung von Dampfmaschinen maß, bevor das Watt eingeführt wurde. Grundlage war die Zugkraft eines Pferdes, aber Watt rechnete falsch: Ein Pferd schafft meist keine ganze Pferdestärke.

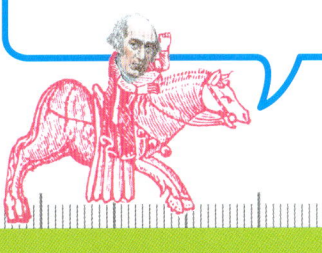

1 PS = 735 WATT

Körperenergie

Menschen essen jeden Tag, um sich mit Energie zu versorgen. Die Nahrung steckt voller Energie, die wir in Kilojoule (kJ) messen (oder Kilokalorien, kcal). Ein Apfel enthält 230 kJ (55 kcal). Eine 100-W-Lampe würde damit eine halbe Stunde brennen. Ein gesundes, aktives 10-jähriges Kind verbraucht pro Tag ca. 8300 kJ (2000 kcal).

Energieverbrauch

Wie wirkungsvoll nutzen wir die Energie, die wir verbrauchen? Es ist leichter, mit dem Auto zur Schule zu fahren, aber es verbraucht viel mehr Energie, als zu gehen oder mit dem Rad zu fahren:

SCHULE

Rad fahren · Gehen · Laufen · Auto mit 5 Personen · Auto mit 1 Person

0 · 837 · 1675 · 2512 · 3349 · 4187

Energieverbrauch für 1 km pro Person in kJ

745 W
Jogger

3000 W
Rasenmäher

468 000 W
Rennwagen

4,5 Millionen W
Lokomotive

11 Milliarden W
Shuttle-Start

70 Trillionen W
Erdbeben Indonesien 2004

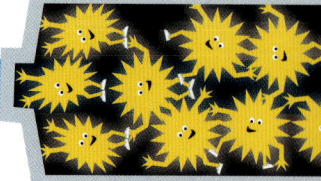

Elektrizität

Diese unsichtbare Form der Energie ist sehr praktisch, aber auch sehr gefährlich. Um sie sicher nutzen zu können, muss man wissen, wie man sie misst und beherrscht.

Woher kommt Elektrizität?

Elektrizität stammt von den Elektronen – winzigen Teilchen, die eine negative elektrische Ladung tragen und um die Atomkerne schwirren. Normalerweise bleiben sie fest an ihr Atom gebunden, denn sie werden von sehr starken Kräften gehalten. Hin und wieder geschieht es jedoch, dass sie auf ein anderes Atom überspringen. Ihre Ladung nehmen sie dabei mit. Stauen sich die Elektronen an einem Ort, entsteht „statische Elektrizität" (gemessen in Coulomb). Bewegen sie sich, entsteht ein „elektrischer Strom" (gemessen in Ampere).

Elektronenansturm!

Staut sich statische Elektrizität auf, hat sie ein hohes Potenzial etwas auszulösen – z. B. einen Stromstoß. Dieses Potenzial heißt „Spannung". Verbindet man etwas mit hohem Potenzial (z. B. eine Gewitterwolke) mit etwas mit niedrigem Potenzial (z. B. dem Erdboden), ist es, als würde ein Damm geöffnet: Die statische Ladung wird in einem plötzlichen elektrischen Strom von Atom zu Atom übertragen. Ein Blitz ist also ein Ansturm von Elektronen, die von der Wolke zur Erde rasen.

Strom messen

Elektronen sind so winzig, dass ihre Größe null beträgt. Es passen also *sehr viele* Elektronen in einen Draht. Man braucht 6,2 Trillionen Elektronen, um eine Ladung von 1 Coulomb zu erzeugen:

$$6\ 200\ 000\ 000\ 000\ 000\ 000\ \text{Elektronen}$$

Wenn diese 6,2 Trillionen Elektronen in einer Sekunde einen Punkt im Draht passieren, erhält man einen Strom von gerade 1 Ampere.

Spannung messen

Elektronen sind faul und setzen sich nur in Bewegung, wenn sie angestoßen werden. Dazu braucht man Energie, die z. B. aus einer Batterie stammt. Je mehr Volt eine Batterie hat, desto stärker schiebt sie die Elektronen an, desto stärker wird der Strom und desto mehr Energie liefert er. Wie viel Energie eine bestimmte Anzahl Elektronen pro Sekunde durch einen Stromkreis transportieren, lässt sich einfach berechnen. Man multipliziert die Spannung mit der Stromstärke und das Ergebnis erhält die Einheit Watt (W): **Watt = Volt · Ampere.**

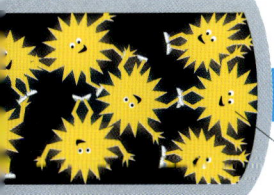

ELEKTRONEN

Wie der Blitz!

Ein Blitzschlag ist die größte und beeindruckendste Freisetzung elektrischer Ladung, die man auf der Erde erleben kann. Seine Stromstärke erreicht bis zu 100 000 Ampere (so viel wie 10 000 elektrische Toaster auf einmal). Die kleinsten Blitze sind so dünn wie Bleistiftminen, die dicksten erreichen die Stärke eines Oberarms. Die Luft wird auf 28 000 °C erhitzt. Dabei dehnt sie sich explosionsartig aus und es entsteht der Donner.

WIE VIEL ENERGIE VERBRAUCHEN DIESE HAUSHALTSGERÄTE?

   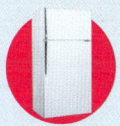     

8 Watt   60 Watt   75 Watt   150 Watt   300 Watt   500 Watt   800 Watt   1500 Watt   2000 Watt

Den Energieverbrauch eines Geräts pro Sekunde nennt man Leistung, angegeben in Watt. Der Gesamtverbrauch lässt sich errechnen aus der Leistung multipliziert mit der Dauer, die ein Gerät eingeschaltet ist. Ein Computer mit 300 W Leistung, der 10 Stunden läuft, verbraucht 3000 Wattstunden oder 3 Kilowattstunden (kWh). So errechnen die Stromversorger den Preis, den jeder Haushalt bezahlen muss.

Strommessgeräte zeigen den Stromverbrauch an und helfen Geld zu sparen.

Kleiner Schock, große Wirkung

Der französische Geistliche Jean-Antoine Nollet machte sich einen Namen, als er für den französischen König statische in fließende Elektrizität verwandelte. Er speicherte eine starke elektrische Ladung in einer „Leidener Flasche", einem Kondensator aus Glas und Metall. Dann ließ er 180 Soldaten einander an den Händen fassen und der erste musste die Flasche berühren. Es gab einen kurzen horizontalen Blitz, alle Männer erhielten einen Stromschlag und sprangen gleichzeitig in die Luft. Der König amüsierte sich prächtig. Später wiederholte Nollet den Versuch mit 700 Mönchen.

Wie schnell ist Elektrizität?

Wenn elektrisches Licht sofort beim Einschalten leuchtet, obwohl das nächste Kraftwerk 100 km weit entfernt ist, dann bewegen sich die Elektronen mit atemberaubenden 720 000 km/h, oder? Falsch! Das Licht leuchtet nicht deshalb sofort, weil sie so schnell durch die Leitungen schießen, sondern weil die Leitungen vom Kraftwerk zu den Haushalten mit Elektronen vollgepackt sind. Wie sich Wellen über das Meer fortpflanzen, ohne dass sich das Wasser darunter stark bewegt, so rast auch die elektrische Energie durch die Drähte, ohne dass sich die Elektronen weit bewegen müssen.

Von wegen lahme Schnecke! Ich komme schneller voran als ein Elektron.

Ein Stromkreis ist eine geschlossene Strecke, durch die Strom fließt.

Das Licht

Licht ist eine Form der Energie, die sich in Wellen fortpflanzt. Weil es Licht gibt, können wir sehen – aber es gibt auch unsichtbare Formen des Lichts. Der Oberbegriff für alle Arten des Lichts ist „elektromagnetische Strahlung". Mithilfe der Wellenlänge, der Frequenz, der Energie und der Farbe des Lichts lassen sich viele Dinge messen.

Wellenlänge

RADIOWELLEN

Die Lichtgeschwindigkeit ist immer gleich, aber nicht alle Lichtwellen haben dieselbe Energie. Wellen mit niedriger Energie sind lang, Wellen mit hoher Energie dagegen kurz.

MIKROWELLEN

INFRAROTSTRAHLUNG

Die Zahl der Wellen pro Sekunde nennt man Frequenz. Das Auge sieht nur einen kleinen Bereich der Wellenlängen, den wir als „sichtbares Licht" bezeichnen.

ISAAC NEWTON entdeckte, dass Glasprismen

Nach Rot

Der Astronom Wilhelm Herschel entdeckte als Erster eine unsichtbare Form des Lichts. Als er einmal Licht durch ein Prisma lenkte, um die Temperaturen der einzelnen Spektralfarben zu messen, stellte er überrascht fest, dass ein Thermometer, das er hinter dem roten Ende des Spektrums hatte liegen lassen, ebenfalls stieg. Außerhalb des sichtbaren Spektrums musste es also noch eine unsichtbare Form des Lichts geben. Sie wurde als Infrarotstrahlung bekannt. Wir fühlen sie als Wärme. Manche Tiere, z. B. Grubenottern, haben ein Sinnesorgan dafür und finden damit ihre Beute.

> ICH BIN AUF EINER HEISSEN SPUR …

Radar

Mit Radio- oder Mikrowellenstrahlung kann man Geschwindigkeiten und Entfernungen messen. Radarsysteme senden diese Wellen aus und messen, wie lange es dauert, bis sie zurückgeworfen werden. So stellt man fest, wie weit etwas entfernt ist oder wie schnell es sich bewegt. Radar kann auch Änderungen in der Wellenfrequenz vergleichen. Je größer der Frequenzunterschied, desto weiter ist ein Objekt entfernt. Flugzeuge messen z. B. auf diese Weise ihre Höhe.

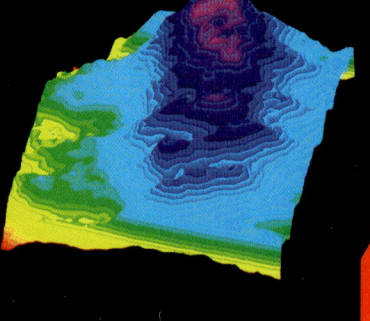

Radar wird auch in der Kartografie eingesetzt. Satelliten senden Radiowellen zur Erdoberfläche und messen die Höhe von Bergen.

Spektroskopie

Manche Dinge kann man mit Farben messen. Werden Atome erhitzt, springen ihre Elektronen auf höhere Energieebenen. Wenn sie später wieder zurückfallen, senden sie Licht aus. Jedes Element erzeugt so ein Farbmuster, das von schwarzen Streifen unterbrochen wird,

REGENBOGEN

Ein Regenbogen zeigt uns die Farben des Lichts. Man sieht ihn, wenn man mit der Sonne im Rücken in Regen oder dichten Nebel blickt. Sonnenlicht, das in einen Tropfen eindringt, wird zweimal gebeugt und in die Spektralfarben zerlegt. Rotes Licht wird im Winkel von 42° zur Richtung des Sonnenlichts an das Auge reflektiert, violettes Licht im Winkel von 40°. Dieselben Winkel liegen zwischen der Blickrichtung und einer Geraden zwischen unserem Schatten und den Augen.

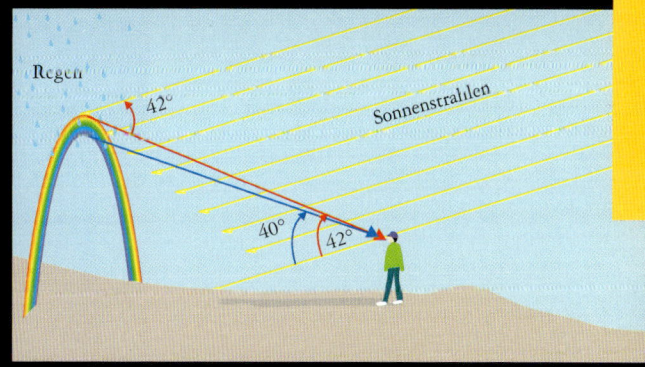

Regen

42°

Sonnenstrahlen

40°

42°

ULTRAVIOLETTE STRAHLUNG   **RÖNTGENSTRAHLUNG**   **GAMMASTRAHLUNG**

SICHTBARES LICHT

---

das Licht in verschiedene Farben aufspalten.

Wir wissen, woraus die Sonne besteht, weil wir ihr Spektrum mit den Spektren der einzelnen Elemente vergleichen können.

Sonnenspektrum

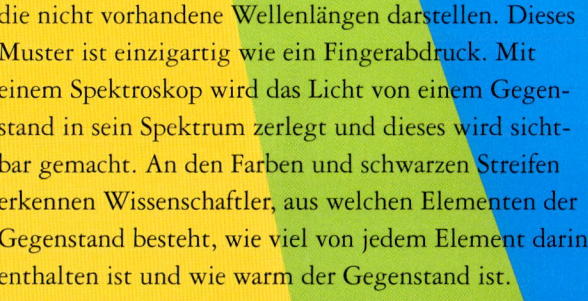

Kalium

Rubidium

Cäsium

UV-Licht hat zwar mein Experiment ruiniert, aber ich bin toll braun geworden.

Jenseits von Violett

Der deutsche Physiker Johann Ritter entdeckte die ultraviolette Strahlung, weil ihm auffiel, dass sich Silberchlorid unter Lichteinwirkung schwarz färbte. Unsichtbare Strahlen jenseits des violetten Endes des Spektrums verdunkelten die Salze besonders schnell. Viele Insekten können sie sehen und so den Nektar in den Blüten finden. UV-Strahlung verursacht auch Sonnenbrand, wenn man zu lange in der Sonne bleibt.

Im Weltraum

Objekte im All werden nur mithilfe des Lichts vermessen. Teleskope fangen Licht mit unterschiedlichen Wellenlängen und Frequenzen auf und daraus ermittelt man die Masse von Sternen und Galaxien. Man stellt fest, aus welchen Elementen sie bestehen, wie warm sie sind und man findet auch unsichtbare Objekte wie Schwarze Löcher. Die Spiralform dieser Galaxie erkannte man mit Teleskopen, die UV-, Infrarot- und sichtbares Licht empfangen.

die nicht vorhandene Wellenlängen darstellen. Dieses Muster ist einzigartig wie ein Fingerabdruck. Mit einem Spektroskop wird das Licht von einem Gegenstand in sein Spektrum zerlegt und dieses wird sichtbar gemacht. An den Farben und schwarzen Streifen erkennen Wissenschaftler, aus welchen Elementen der Gegenstand besteht, wie viel von jedem Element darin enthalten ist und wie warm der Gegenstand ist.

Lichtgeschwindigkeit

Nichts, weder im Weltall noch auf der Erde, bewegt sich schneller als das Licht. Licht ist mit knapp 1 Milliarde km/h ziemlich schnell unterwegs. Damit könnte man *in 1 Sekunde* siebenmal um die Erde rasen oder in weniger als einem *Augenzwinkern* von London nach New York gelangen.

Woher wissen wir, wie schnell es ist?

Die genaueste Angabe stammt aus dem Abfeuern von Lasern auf einen Spiegel, den Astronauten auf den Mond brachten.

Leon Foucault ermittelte in seinem Experiment mit dem Drehspiegel als Erster die Lichtgeschwindigkeit recht genau. Licht wird von einer Lichtquelle über einen rotierenden Spiegel zu einem festen Spiegel gesandt und wandert von dort wieder zurück. Es kommt aber nicht wieder genau bei der Lichtquelle an, weil der Drehspiegel es in einem anderen Winkel reflektiert. Weiß man, wie schnell der Spiegel sich dreht, und misst man den Abstand zwischen der Lichtquelle und dem Ankunftspunkt, lässt sich die Licht-

geschwindigkeit ausrechnen. Foucault kam ihr nahe, aber nicht so sehr wie Albert Michelson, der eine größere und bessere Version des Experiments entwarf. Die genaueste Angabe ist bisher 299 792 km pro Sekunde.

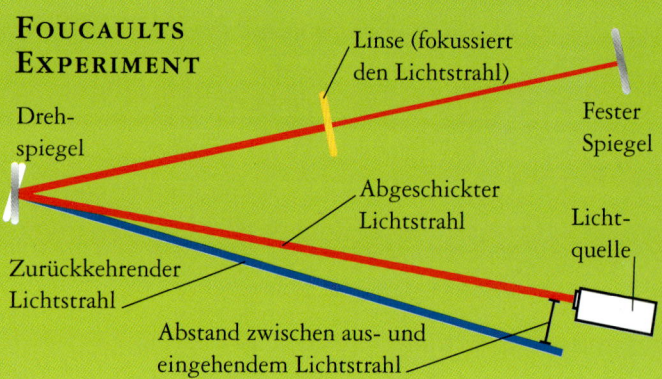

FOUCAULTS EXPERIMENT

Dreh-spiegel

Linse (fokussiert den Lichtstrahl)

Fester Spiegel

Abgeschickter Lichtstrahl

Licht-quelle

Zurückkehrender Lichtstrahl

Abstand zwischen aus- und eingehendem Lichtstrahl

Licht rast von New York nach

LICHTJAHRE

Das schnelle Licht eignet sich gut als Entfernungsmaßstab für entfernte Sterne und Galaxien. Wenn es in 1 Sekunde schon knapp 300 000 km zurücklegt, wie viel schafft es dann erst in 1 Jahr? Die Antwort lautet: rund 9,5 Billionen km oder 1 Lichtjahr, wie man es nennt. Der nächste Stern ist Alpha Centauri in einer Entfernung von 4,3 Lichtjahren oder 41 Billionen km. Das ist sehr wenig, wenn man bedenkt, dass das Zentrum unserer Galaxie 30 000 Lichtjahre weit weg ist und dass uns von den am weitesten entfernten Objekten am Rande des Universums ganze 46,5 Milliarden Lichtjahre trennen!

ZENTRUM DER GALAXIE
30 000 Lichtjahre

Höchstgeschwindigkeit
299 792 km pro Sekunde

Das Seltsame daran ist, dass wir das Licht niemals auch nur annähernd einholen können. Es bewegt sich immer 1 Milliarde km/h schneller als wir. Und nicht nur das sichtbare Licht bewegt sich so schnell – alle Formen der elektromagnetischen Strahlung, von den Gammastrahlen bis zu den Radiowellen, sind ebenso flink.

BREMSE

Auf der Erde wird das Licht gebremst, wenn es Dinge durchdringen muss. Bei einem Diamanten verliert es über die Hälfte seiner Geschwindigkeit, aber selbst ein dickes Stück Blei durchdringt es (als energiereiche Gammastrahlung) mit 120 000 km/s.

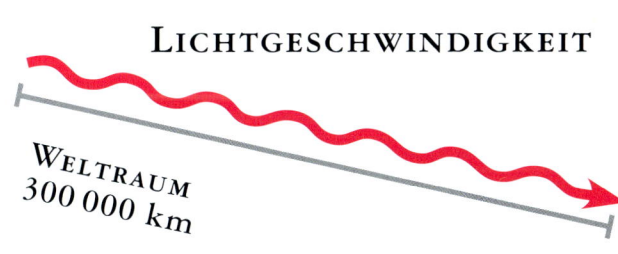

LICHTGESCHWINDIGKEIT

WELTRAUM
300 000 km

WASSER
225 000 km/s

GLAS
200 000 km/s

DIAMANT
125 000 km/s

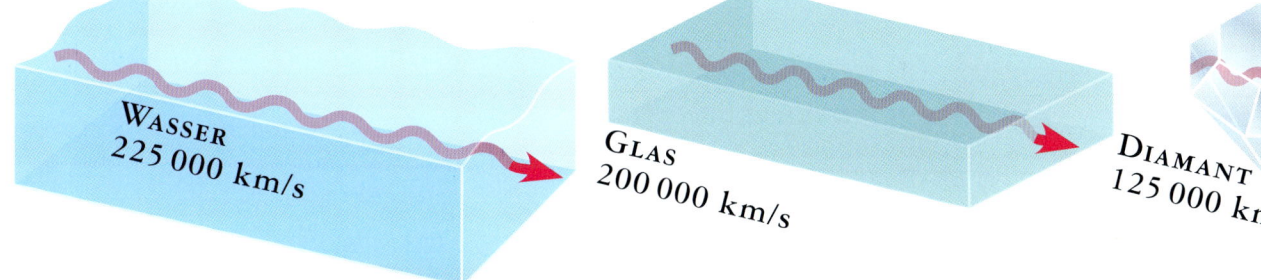

London in *zwei hundertstel* Sekunden.

Ausdehnung des Universums

Das Universum dehnt sich immer weiter aus. Das wissen wir, weil die Astronomen erkannt haben, dass sich viele Galaxien sehr schnell von uns entfernen. In dem Maß, in dem sich der Raum ausdehnt, werden auch die Wellen des Lichts, das uns von anderen Galaxien erreicht, immer länger, sodass es in ihrem Spektrum zu einer sogenannten Rotverschiebung kommt. Dabei werden die dunklen Linien im Spektrum zum roten Ende hin verschoben. Durch die Messung dieser Verschiebung wissen wir, wie alt und wie weit weg eine Galaxie ist. Die Galaxien mit der stärksten Rotverschiebung befinden sich am Rand des Universums. Objekte mit Blauverschiebung bewegen sich auf uns zu.

Dunkle Linie im Spektrum verschiebt sich ans rote Ende.

Die Rotverschiebung zeigt an, wie schnell das Objekt sich bewegt und wie weit weg es ist.

71

Unter Druck

Wir stehen alle unter Druck! Die Luft um uns herum drückt mit der Kraft eines Gewichts von 17 Tonnen auf unseren Körper. Wäre der Körper eine hohle Schale, würde er augenblicklich zerquetscht. Aber keine Sorge – wir fühlen den Luftdruck in der Regel nicht, weil der Körper mit gleicher Kraft dagegendrückt.

WAS IST DER LUFTDRUCK?

Die Luft ist angefüllt mit unzähligen unsichtbaren Gasmolekülen, die ständig in Bewegung sind und irgendwo anstoßen. In jeder Sekunde treffen Trillionen Moleküle auf unseren Körper und all diese winzigen Stöße ergeben zusammen den Luftdruck. Die Schwerkraft zieht die Luftmoleküle in der Atmosphäre zum Boden, daher herrscht dort die größte Dichte und der Luftdruck ist am höchsten. Wir messen den Luftdruck in der Einheit „Bar". Auf Höhe des Meeresspiegels beträgt der Luftdruck 1 Bar.

1 Bar

Skala (links)

DRUCK UNTER UND ÜBER WASSER, GEMESSEN IN BAR

- Meteore 85 000 m — 0,00001 BAR
- Wetterballon 50 000 m — 0,001 BAR
- Ozonschicht 16 000 m — 0,1 BAR
- Flugzeug 8000 m — 0,3 BAR
- Berggipfel 5000 m — 0,5 BAR
- Meeresspiegel — 1 BAR
- Taucher –10 m — 2 BAR
- Hai –300 m — 30 BAR
- Krake –3000 m — 300 BAR
- Anglerfisch –5000 m — 500 BAR
- Grund des Pazifischen Ozeans –11 000 m — 1000 BAR

Die Wettervorhersage

Wer das Wetter vorhersagen will, sollte am besten den Luftdruck messen. Dafür gibt es Barometer. Auf vielen Barometern ist entlang der Skala schon die Wetterprognose angegeben. Die Begriffe „Hoch" und „Tief" beim Wetterbericht beziehen sich auf Hoch- und Tiefdruckgebiete. Bei hohem Luftdruck herrscht meist ruhiges, sonniges Wetter, in Tiefdruckgebieten ist dagegen schlechtes Wetter.

In diesem Barometer ist eine luftdichte Dose, …

… die sich je nach Luftdruck dehnt und zusammenzieht und so den Zeiger dreht.

Barometer

Tiefdruckgebiet

Hochdruckgebiet

Wetterkarte

Die Luftmoleküle in Hochdruckgebieten drängen in die Tiefdruckgebiete, um sie aufzufüllen. So entsteht Wind. Der nimmt oft Feuchtigkeit auf, sodass sich Wolken und Regen bilden.

Der Luftdruck, der auf den Körper einwirkt,

0,3 Bar

Im Flugzeug

Beim Starten eines Flugzeugs fühlt man meist einen leichten Druck auf den Ohren. Das liegt daran, dass der Luftdruck in der Kabine sinkt, die Luft im Ohr aber den Bodendruck behält und deshalb gegen das Trommelfell drückt. Im Flugzeug fällt der Luftdruck jedoch nicht so stark wie draußen. Das darf nicht passieren, weil die Luft sonst so dünn würde, dass die Passagiere erstickten. Obwohl der Luftdruck also künstlich hochgehalten wird, ist er trotzdem ein wenig niedriger als am Boden.

0,5 Bar

Berggipfel

Je höher man steigt, desto niedriger wird der Luftdruck, weil die Moleküle nicht mehr so dicht gedrängt sind. Auf hohen Gipfeln ist die Luft so dünn, dass man kaum genug Luft bekommt. Man muss viel tiefer und häufiger atmen, um die Menge an Sauerstoffmolekülen aufzunehmen, die der Körper braucht.

Tiefseetauchen

Unser Körper ist perfekt an den Luftdruck an Land angepasst. Aber was passiert beim Sporttauchen? Wassermoleküle sind viel schwerer und dichter gepackt als Luftmoleküle, daher erzeugen sie einen viel höheren Druck. Schon in einer Tiefe von zehn Metern herrscht ein doppelt so hoher Druck wie an Land. Damit die Lungen dabei nicht eingedrückt werden, muss man Druckluft aus der Flasche atmen. Sie sorgt dafür, dass der Druck in der Lunge ebenso hoch ist wie der Wasserdruck.

2 Bar

Ich bin 10 m tief und der Druck steigt …

Taucherkrankheit

Taucher dürfen nur langsam auftauchen, sonst sterben sie an der Taucherkrankheit. Sie wird durch die unter hohem Druck stehende Luft verursacht, die sie unter Wasser atmen. Unter hohem Druck lösen sich die Stickstoffmoleküle der Druckluft im Blut des Tauchers auf. Taucht er zu schnell auf, fällt der Druck zu schnell und der Stickstoff bildet tödliche Blasen in den Adern.

SPRITZFLASCHE

So kannst du neugierige Leute ärgern. Dem Luftdruck sei Dank!

1 Schreibe „Nicht öffnen!" auf eine Plastikflasche. Fülle sie mit Wasser, schraube den Deckel zu und stich winzige Löcher hinein.

Nicht öffnen!

Ziehe die Nadeln ruhig wieder heraus, denn der Luftdruck verhindert, dass Wasser ausläuft, solange der Deckel angeschraubt ist.

2 Lass die Flasche von einem Neugierigen finden. Die Beschriftung macht ihn neugierig, er öffnet sie und wird nass gespritzt!

Nicht öffnen!

Wird der Deckel abgeschraubt, dringt Luft ein und übt von oben Druck aus, sodass das Wasser herausspritzt.

entspricht dem Gewicht von vier Elefanten!

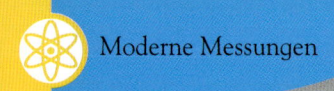

Hört mich jemand?

Schall ist überall. Er ist nichts anderes als eine Form von Druck, hervorgerufen durch Moleküle, die aneinanderstoßen und ihre Energie weitergeben. Diese Druckwellen pflanzen sich ähnlich wie die Wellen in einem Teich durch die Luft fort, bis sie in unsere Ohren gelangen.

WELLENKÄMME – WELLENTÄLER

Die Form der Druckwelle sagt viel über den Ton aus, z.B. ob er laut oder leise, hoch oder tief ist. Der Abstand zwischen zwei Wellenkämmen ist die Wellenlänge. Die Zahl der Wellen, die in einer Sekunde vorüberstreichen, nennt man Frequenz.

Hohe, laute Töne

Hohe, leise Töne

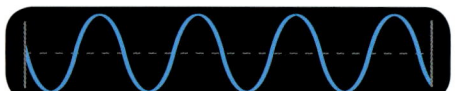

Tiefe, laute Töne

Tiefe, leise Töne

Frequenzen

Die Maßeinheit der Frequenz heißt Hertz (Hz). Sie gibt die Tonhöhe an. Wellen mit eng zusammenliegenden Spitzen klingen höher als lange, gedehnte Wellen. Die Höhe der Welle (Amplitude) zeigt an, wie laut der Ton ist. Hohe Wellen sind lauter als flache.

0 dB Leisestes, gerade noch hörbares Geräusch
10 dB Raschelnde Blätter
40 dB Sprechender Mensch
70 dB Hauptverkehrsstraße
100 dB Presslufthammer
110 dB 1. Reihe beim Rockkonzert
120 dB Gehörschaden
140 dB Düsentriebwerk, 30 m entfernt
155 dB Dragster-Motor
180 dB Krakatau-Ausbruch in 160 km Entfernung
188 dB Blauwalgesang unter Wasser
200 dB Start eines Spaceshuttles
210 dB Bombe mit 1 Tonne TNT
218 dB Knall der Schere eines Knallkrebses unter Wasser
300 dB Tunguska-Asteroid, der 1908 in Russland einschlug
300+ dB Asteroideneinschlag, der vermutlich das Aussterben der Dinosaurier verursachte

Lautstärke

Die Stärke einer Schallwelle wird in Dezibel (dB) angegeben. Ein Dezibel ist ein Zehntel einer Einheit, die nach dem Erfinder des Telefons, Alexander Graham Bell, „Bel" genannt wurde. Der Beginn der Dezibel-Skala liegt bei Tönen, die wir gerade noch hören können, z. B. ein leises Flüstern. Zehn Dezibel mehr bedeuten jeweils eine zehnfache Steigerung des Schalldrucks. Ein Ton von 10 dB ist also 10-mal stärker als ein Flüstern, 20 dB sind 100-mal stärker, 30 dB 1000-mal stärker und so weiter. Eine solche Skala, die in Vielfachen von zehn ansteigt, ist eine logarithmische Skala. Logarithmen vereinfachen den Umgang mit großen Zahlen. Der Schallpegel, bei dem unsere Ohren Schaden nehmen (120 dB), ist z.B. 1 Billion Mal höher als beim Flüstern (für 1 Billion wird 10 zwölfmal mit sich selbst multipliziert).

HALLO ALEX!

Schrei nicht so – ich bin im Nebenzimmer.

ALEXANDER GRAHAM BELL
ERFINDER DES TELEFONS

50   100   150   200   250   300

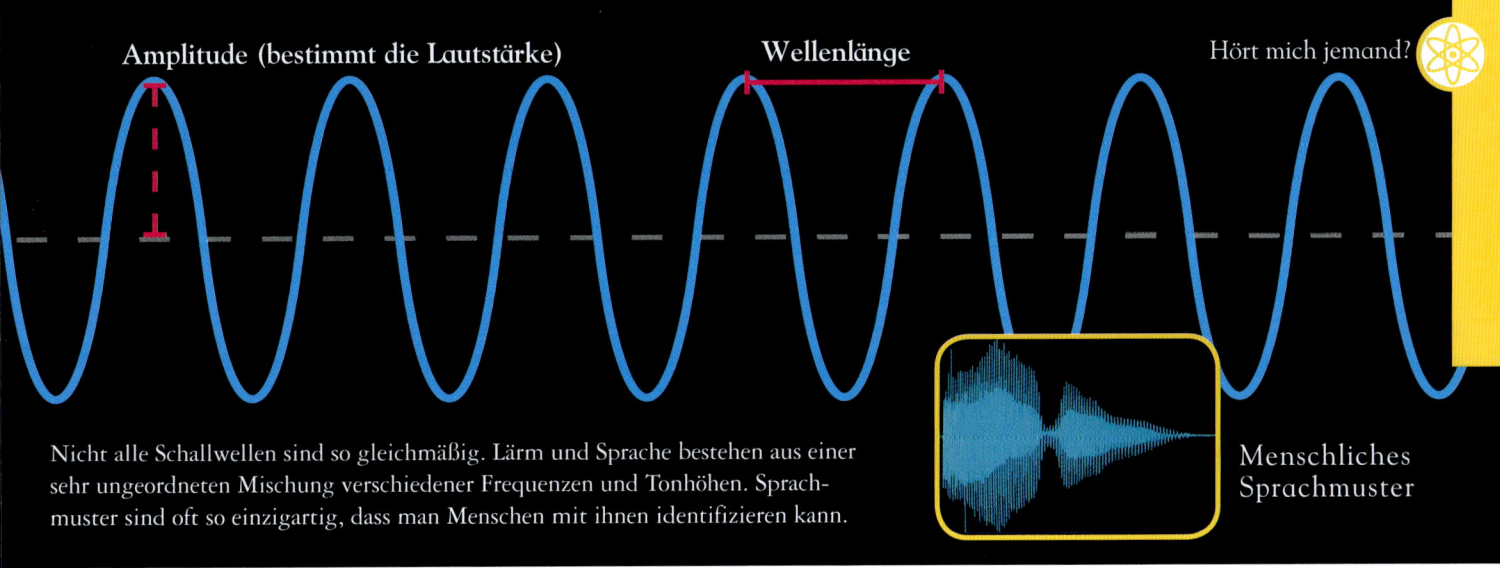

Amplitude (bestimmt die Lautstärke)

Wellenlänge

Nicht alle Schallwellen sind so gleichmäßig. Lärm und Sprache bestehen aus einer sehr ungeordneten Mischung verschiedener Frequenzen und Tonhöhen. Sprachmuster sind oft so einzigartig, dass man Menschen mit ihnen identifizieren kann.

Menschliches Sprachmuster

Schallgeschwindigkeit

Schallwellen werden durch aneinanderstoßende Moleküle übertragen, sodass Schall im Wasser und in Festkörpern ebenso transportiert wird wie in der Luft. Im Wasser und in Festkörpern geht es sogar meist schneller, weil die Atome viel dichter gedrängt sind. Harte Festkörper leiten Schall schneller als weiche. Am stillsten ist es im Weltraum, weil Schall im Vakuum nicht weitertransportiert wird.

GUMMI

RUHE da draußen!

MENSCHLICHE MUSKELN

GOLD

PYREX-GLAS

LUFT

WASSER

Geschwindigkeit des Schalls	195 km/h	1188 km/h	5400 km/h	5544 km/h	11 644 km/h	20 300 km/h

Sonar

Weil Schall fast alle Materialien durchdringt, lassen sich mit seiner Hilfe Dinge erkennen und messen, die man nicht sehen kann. Schiffe und U-Boote haben z. B. ein Sonarsystem, mit dem sie die Unterwasserwelt erforschen und Fischschwärme orten. Das System sendet Schallwellen aus und fängt das Echo wieder ein. Kommt ein Signal nach sechs Sekunden zurück, hat es drei Sekunden gebraucht, um sein Ziel zu erreichen. Da Schall mit 5400 km/h durchs Wasser rast, lässt sich errechnen, dass das Ziel 4,5 km entfernt ist. Mit einem solchen Echolotsystem orientieren sich Wale, Delfine und Fledermäuse. Sie erkennen damit auch ihre Beute.

Ich piepse in den höchsten Tönen.

Höhen & Tiefen

Auch Giraffen haben eine Stimme!

Das menschliche Ohr hört einen großen Frequenzbereich zwischen 25 Hz und 20 000 Hz. Töne zwischen 1000 und 4000 Hz hören wir am besten. Andere Lebewesen können auch höhere oder tiefere Töne hören. Fledermäuse, Wale und Delfine senden und empfangen sehr hohe Frequenzen, die sie für ihre Echoortung verwenden. Töne, die zu hoch für uns sind, heißen Ultraschall. Ärzte untersuchen damit das Innere des Körpers, das dann auf einem Bildschirm sichtbar wird. Töne, die zu tief für uns sind, heißen Infraschall. Giraffen, Elefanten und Flusspferde können so tiefe Töne erzeugen.

Musik ist Trumpf

Mathematisch begabte Menschen sind oft auch gute Musiker – aber was hat Musik mit Mathe zu tun? Schon die Griechen entdeckten vor Tausenden von Jahren, dass die Musik voller *mathematischer Muster* steckt.

Eine Tonleiter ist eine angenehm klingende Folge von acht Noten mit steigender Frequenz. Die oberste Note hat genau die doppelte Frequenz der untersten und klingt daher ähnlich, aber höher. Das Intervall zwischen ihnen heißt „Oktave".

Musik wird gemessen

Einer der Ersten, der die mathematische Seite der Musik erkannte, war Pythagoras. Als er einmal an einer Schmiede vorüberging, wurde er auf die Schläge aufmerksam, die ein Hammer auf einem Amboss erzeugte. Seine Nachforschungen ergaben, dass auf einem doppelt so großen Amboss ein tieferer Ton von genau der halben Frequenz entstand. Er hatte eine mathematische Beziehung zwischen der Größe eines Instruments und der Höhe seiner Töne gefunden.

Eine Oktave

	C	D	E	F	G	A	H	C
	262 Hz	294 Hz	330 Hz	349 Hz	392 Hz	440 Hz	494 Hz	524 Hz

Jede Note hat eine bestimmte Frequenz, die hier in Hertz (Schallwellen pro Sekunde) angegeben wird.

Ich hab's! Nur die Länge der Saite ist entscheidend!

PYTHAGORAS (575–500 v. Chr.)

Saiteninstrumente

Pythagoras fragte sich, ob für Saiteninstrumente ein ähnliches Muster galt. Tatsächlich stellte sich heraus, dass er durch Halbierung der Saitenlänge einen Ton mit genau der doppelten Frequenz erzeugen konnte (eine Oktave höher), weil die kürzere Saite doppelt so schnell vibrierte. Bei Verdopplung der Länge erhielt er eine Note mit halber Frequenz. Und wenn er die Saiten in exakten Bruchteilen verkürzte oder verlängerte, konnte er alle Noten der Tonleiter erzeugen.

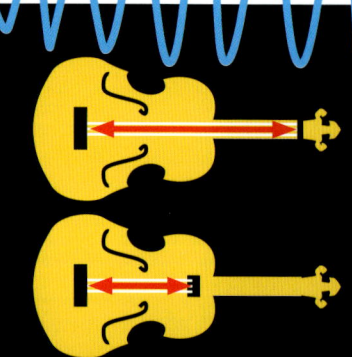

Halbiert man die Länge der Saite, wird die Note eine Oktave höher.

„Musik ist die versteckte arithmetische Tätigkeit der Seele, die sich nicht dessen

Rhythmusgefühl

Wenn man die Hand auf die linke Brustseite legt, fühlt man den Herzschlag. Ist man entspannt, schlägt es etwa 60–70 Mal pro Minute, ist man aufgeregt bis zu 200 Mal. Musik hat ebenfalls eine rhythmische Einteilung. Wenn man mit dem Fuß den Takt klopft, stellt man den Körper auf das „Tempo" der Musik ein. Das Tempo von sanfter Musik entspricht dem entspannten Herzschlag (60–70 Schläge pro Minute). Schnelle Tanzmusik erreicht oft das Tempo des angestrengten Herzschlags (200).

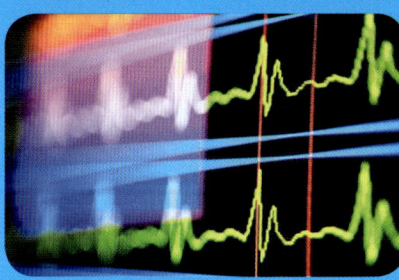

Das Herz erzeugt ein rhythmisches Muster wie ein Schlagzeug.

Digitale Musik

Wie speichert ein winziger MP3-Player Tausende Musikstücke? Es funktioniert anhand von Zahlen. Bei der Aufnahme werden Tonhöhe (Frequenz) und Lautstärke (Amplitude) in einem computergesteuerten Prozess über 100 000-mal pro Sekunde gemessen, und diese Messungen werden als Ziffernreihen gespeichert (daher die Bezeichnung „digital"). Beim Abspielen wandelt der Computer oder MP3-Player die Ziffern wieder in Töne um.

Die Spitzen der Schallwellen haben die höchsten, die Täler die niedrigsten Ziffernwerte.

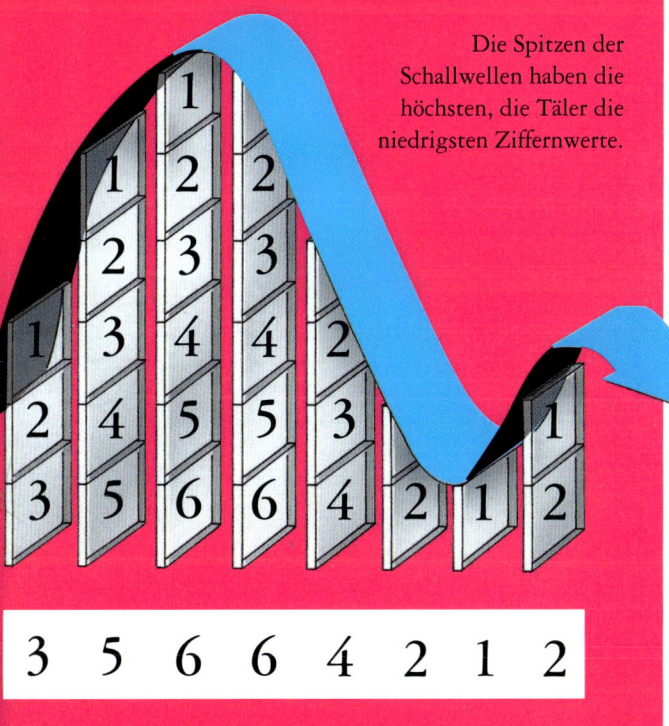

3 5 6 6 4 2 1 2

Den Takt halten

Die Musiker in einer Band oder einem Orchester müssen unbedingt alle dasselbe Tempo und denselben Rhythmus einhalten, wie Tänzer im Gleichschritt. Dazu gibt es verschiedene Methoden.

Dirigent

Der Dirigent hat die Aufgabe, den Musikern des Orchesters den Takt vorzugeben. Er zeigt ihn durch die Bewegungen seines Stabes, sodass die Musiker mitzählen können, wenn sie gerade nicht spielen.

Schlagzeuger

Moderne Bands haben keinen Dirigenten, sondern einen Schlagzeuger, der den Rhythmus durch sein Spiel vorgibt. Der Schlagzeuger ist so etwas wie ein hörbarer Dirigent.

Metronom

Musiker, die allein üben, halten das Tempo mit einem Metronom. Ein mit einem Gewicht beschwerter Stab schwingt tickend regelmäßig hin und her. Je höher man das Gewicht schiebt, desto langsamer schwingt er.

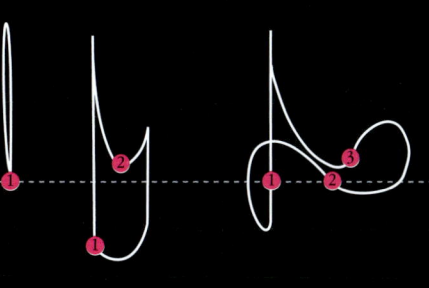

Dirigieren

Dirigenten schwingen den Stab in ganz bestimmten Mustern, die den Rhythmus angeben und den Musikern anzeigen, welche Stellen sie besonders betonen müssen. In den oben dargestellten Diagrammen wird die mit 1 gekennzeichnete Position am stärksten betont.

Moderne ZEITEN

Zeit ist das Maß, in dem wir leben – ein unsichtbarer Maßstab, der unser Leben regelt. Die moderne Technologie kann die Zeit zwar in immer winzigere Bruchteile zerlegen, aber werden wir es auch schaffen, in die Zukunft oder die Vergangenheit zu reisen? Nun, die Zeit wird es zeigen.

ZEITTAKT

Alle Uhren haben einen sogenannten „harmonischen Oszillator", also eine Vorrichtung, die gleichmäßig hin und her schwingt (oszilliert).

Schwingende Gewichte (ab 1650)

Die ersten genauen Uhren hielten den Takt mit schwingenden Gewichten, den Pendeln. Später wurde ein schwingender Stab oder ein Rad verwendet. So konnte man den Mechanismus verkleinern, sodass er tragbar wurde.

Schwingender Quarz (ab 1960)

Moderne Uhren haben meist winzige Quarzkristalle, die exakt 32 768-mal pro Sekunde vibrieren. Ein Mikrochip zählt die Vibrationen und rechnet sie in Stunden, Minuten und Sekunden um.

Schwingende Atome (ab 1990)

Atomuhren messen die Zeit anhand der Schwingungen der Elektronen innerhalb der Atome. Sie weichen in 60 Millionen Jahren nur eine Sekunde ab. Funkarmbanduhren empfangen Funksignale von Atomuhren, um stets die exakte Zeit anzuzeigen.

RUSSLAND erstreckt sich über Europa und Asien und umspannt elf Zeitzonen.

GREENWICH-MERIDIAN
Alle Zeitzonen leiten sich vom Nullmeridian ab, der durch Greenwich (Großbritannien) verläuft.

ZEITZONENLINIEN
sind nicht so gerade wie hier dargestellt. Oft verlaufen sie entlang der Ländergrenzen.

ZEITZONEN

Bis ins 18. Jh. hatten die meisten Orte auf der Erde ihre eigene Zeit, die mit Sonnenuhren gemessen wurde. Heute misst die ganze Welt die Zeit in der Koordinierten Weltzeit (UTC). Die Erde wird in 24 Zeitzonen eingeteilt. Jede von ihnen ist eine bestimmte Anzahl von Stunden vor oder hinter der Greenwich Mean Time (GMT), also der Uhrzeit in London (Großbritannien).

PLANCK-ZEIT

Was ist der kürzeste messbare Zeitabschnitt? In der Vorgeschichte war es ein Tag, im 16. Jh. bereits eine Sekunde. Heute müssen die Uhren für die Satelliten-Navigationssysteme auf die Milliardstelsekunde genau gehen, sonst landet ein Auto womöglich auf der falschen Straßenseite. Doch selbst diese Messung lässt sich noch verbessern. Der winzigste Zeitabschnitt, der überhaupt gemessen werden kann, ist die Planck-Zeit (0,00000 000000000000000000000000000000005 Sekunden, benannt nach Max Planck). Es ist unmöglich, die Zeit in noch kleinere Abschnitte zu zerlegen.

0,000000000000000000000000000000000000000005

INTERNATIONALE DATUMSGRENZE

An der gedachten Linie beginnt jeder neue Tag. Sie umrundet die Insel Kiribati, damit sie nicht in zwei Zeitzonen geteilt wird.

DIE POLE

Die Zeitzonen treffen am Nord- und Südpol zusammen. Spaziert man einmal um den Pol, durchquert man alle Zeitzonen innerhalb weniger Sekunden.

Dezimalsystem

Warum gilt das metrische System nicht für die Zeit? In Frankreich wurde nach der Revolution von 1789 ein dezimales Zeitsystem mit 10 Tagen pro Woche, 10 Stunden pro Tag, 100 Minuten pro Stunde und 100 Sekunden pro Minute eingeführt. Die Monate wurden nach den Jahreszeiten oder dem Wetter benannt. Diese Zeiteinteilung war aber sehr unbeliebt, denn es war pro Woche nur noch einer von 10 Tagen frei!

Internet-Zeit

Die Internet-Zeit ist überall auf der Erde einheitlich. Der Tag beginnt an verschiedenen Orten einfach zu einer jeweils anderen Uhrzeit. Er besteht aus 1000 Einheiten und die Zeit wird als Zahl zwischen 000 und 999 geschrieben.

ZEITREISEN

Wie könnte man Zeitreisen ermöglichen? Der US-amerikanische Mathematiker Frank Tipler (geb. 1947) meint, man müsse Zeit und Raum mit einem riesigen rotierenden Zylinder strecken. Darin könne man dann mit einem Raumschiff in der Zeit vorwärts oder rückwärts reisen. Der Haken an der Sache ist, dass der Zylinder wohl zehnmal massereicher als die Sonne sein müsste, dazu unendlich lang und mit negativer Energie betrieben!

Rod Taylor in dem Film *Die Zeitmaschine* (1960)

Katastrophe!

Sind Hurrikane schlimmer als Erdbeben? Könnte die Erde einen Asteroideneinschlag überstehen? Die Erde war schon immer ein sehr gefährlicher Ort. Wir staunen oft über die Zerstörungskraft der Massenvernichtungswaffen, aber Naturkatastrophen richten manchmal noch wesentlich größeren Schaden an.

DIE TURINER SKALA	
0	**Keine Gefahr:** Keine Gefahr eines Zusammenstoßes.
1	**Harmlos:** Ein Steinbrocken passiert die Erde in geringer Entfernung. Kaum Grund zur Sorge.
2	**Beobachten:** Wahrscheinlichkeit eines Einschlags sehr gering.
3	**Beobachten:** Wahrscheinlichkeit eines Einschlags mit örtlich begrenzten Schäden 1 Prozent.
4	**Beobachten:** Wahrscheinlichkeit eines Einschlags mit regionalen Zerstörungen 1 Prozent.
5	**Bedrohung:** entfernter Gesteinsbrocken, der ernsthafte regionale Zerstörungen verursachen könnte.
6	**Bedrohung:** entfernter Gesteinsbrocken, der eine globale Katastrophe auslösen könnte.
7	**Bedrohung:** großer Gesteinsbrocken in der Nähe, der ein hohes Risiko für eine globale Katastrophe darstellt.
8	**Einschlag sicher:** ein Gesteinsbrocken, der lokale Schäden oder einen Tsunami auslösen wird.
9	**Einschlag sicher:** ein riesiger Gesteinsbrocken, der regionale Zerstörungen oder einen Tsunami auslösen wird.
10	**Einschlag sicher:** ein riesiger Gesteinsbrocken, der die Zivilisation auslöschen könnte.

Asteroiden-einschlag

Als vor 65 Millionen Jahren die Dinosaurier ausstarben, war wohl der Einschlag eines riesigen Asteroiden (ein Gesteinsbrocken aus dem All) dafür verantwortlich. Die Erde wird in jedem Jahr von Tausenden Gesteinsbrocken aus dem All getroffen – manche so groß wie Autos, andere winzig klein –, aber meist merken wir nichts davon. Ihre Gefahr wird anhand der Turiner Skala gemessen.

Erdbeben

Ein Erdbeben wird ausgelöst, wenn sich eine der Kontinentalplatten, aus denen die Erdkruste besteht, plötzlich bewegt oder einen Riss bekommt. Wissenschaftler messen die Stärke auf einer speziellen Skala. Ein Anstieg auf die nächsthöhere Stufe der Skala bedeutet, dass die freigesetzte Energie jeweils um mehr als das Dreißigfache steigt. Ein Beben der Stärke 8 setzt also etwa 30 Milliarden Mal mehr Energie frei als ein Beben der Stärke 1. Man nennt diese Art des Anstiegs einer Skala „logarithmisch".

MOMENTEN-MAGNITUDEN-SKALA

8+ Massiv Sehr schwere Schäden, sehr viele Todesopfer

7 Sehr stark Schwere Schäden, viele Todesopfer

6 Stark Größere Schäden, Todesopfer möglich

5 Mittel Schäden wahrscheinlich, wenige Todesopfer

4 Schwach Örtliche Schäden möglich

2–3 Gering Schäden unwahrscheinlich

1 Nicht spürbar

Ausbruch!

Explosive Vulkane

Vulkanausbrüche kann man nicht vor Ort messen, da man sonst unter Millionen Tonnen heißer Lava begraben werden würde. Wie vergleichen also Wissenschaftler aus sicherer Entfernung die Stärke von Vulkanausbrüchen? Sie schätzen das Volumen des Materials, das ausgeworfen wird, und prüfen, wie hoch es herausgeschleudert wird und wie lange die Eruption dauert. Je höher diese Zahlen, desto höher der Wert auf dem Vulkanexplosivitätsindex (VEI).

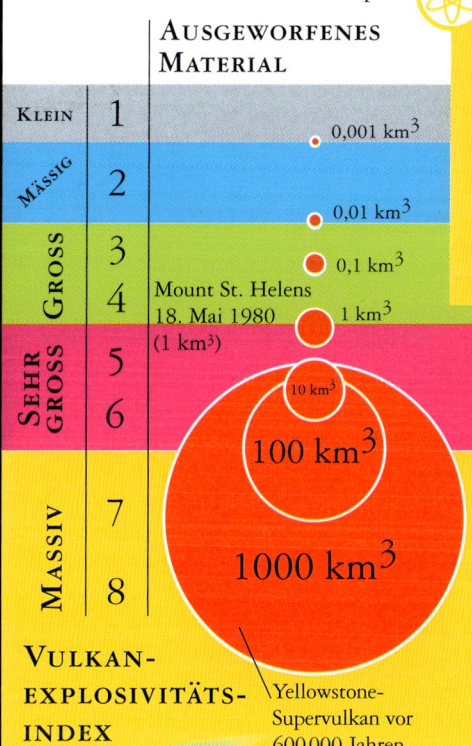

Katastrophe!

AUSGEWORFENES MATERIAL

KLEIN	1	0,001 km³
MÄSSIG	2	0,01 km³
GROSS	3	0,1 km³
	4	Mount St. Helens 18. Mai 1980 (1 km³) — 1 km³
SEHR GROSS	5	10 km³
	6	100 km³
MASSIV	7	1000 km³
	8	

VULKANEXPLOSIVITÄTSINDEX

Yellowstone-Supervulkan vor 600 000 Jahren

Hurrikane

Dolly, Katrina, Andrew … Die Namen klingen harmlos, dabei verursachen die über dem Ozean entstehenden Wirbelstürme (auch Taifune genannt) stärkere Zerstörungen als alle anderen Naturkatastrophen. Ein Hurrikan kann in zwei Minuten die Energie einer Atombombe freisetzen. Um die Gefahr zu beurteilen, muss man ihre Stärke möglichst genau kennen.

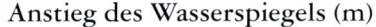

Anstieg des Wasserspiegels (m)

Windgeschwindigkeit (km/h)	1,2	1,7	2,6	3,9	>5,5	Schaden
>250					5	Verwüstend
210				4		Sehr stark
178			3			Stark
154		2				Mäßig
119	1					Schwach
	980+	979	964	944	<920	

Druck (Hektopascal)

SAFFIR-SIMPSON-HURRIKAN-SKALA

Hurrikane erreichen bis zu 240 km/h.

Tornados

Tornados sind Wirbelstürme, die an Land entstehen. Sie sind zwar kleiner als Hurrikane, erzeugen aber noch stärkere Winde. Sie werden auf der Fujita-Skala gemessen. Der höchste Wert (F5) bringt Windstärken über 320 km/h hervor.

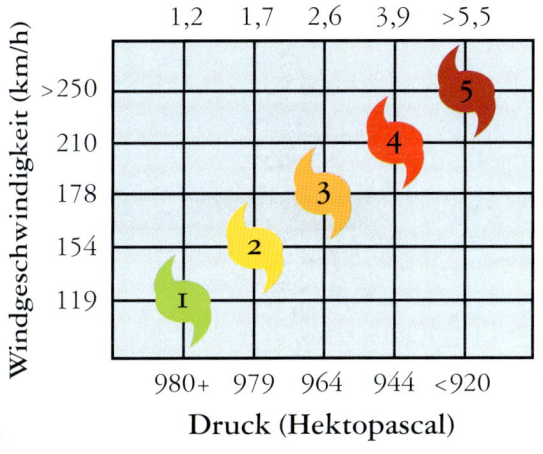

FUJITA-SKALA

F0 F1 F2 F3 F4 F5

RIESIG

Das Universum ist so groß, dass unser Gehirn es sich nicht vorstellen kann. Seine ungeheuren Weiten verstehen wir nur mithilfe der Mathematik.

Potenzen

Große Dinge ergeben hohe Messwerte, die sehr umständlich zu schreiben sind. Wissenschaftler verwenden daher Potenzen. Die Potenz gibt an, wie oft eine Zahl mit sich selbst multipliziert werden muss. In der Zahl 10^6 (sprich: „zehn hoch sechs") ist 6 die Potenz. Sie ist die Abkürzung für $10 \cdot 10 \cdot 10 \cdot 10 \cdot 10 \cdot 10$ (1 Million oder eine 1 mit sechs Nullen). Zahlen, die keine Vielfachen von 10 sind, schreibt man anders: 2 Millionen sind z. B. $2 \cdot 10^6$ und $7\,654\,321$ ist $7{,}654\,321 \cdot 10^6$.

$$10^3 = 1000$$
$$10^6 = 1\,000\,000$$
$$10^9 = 1\,000\,000\,000$$
$$10^{12} = 1\,000\,000\,000\,000$$

HÖCHSTES GEBÄUDE
Der Wolkenkratzer Burj Dubai in Dubai ist 818 m hoch ($8{,}18 \cdot 10^2$).

MOND
Der Mond hat einen Durchmesser von 3477 km.

LÄNGSTER FLUSS
Der Nil fließt von Ruanda 6695 km weit bis Ägypten.

WEITESTE MOTORRADFAHRT
Emilio Scotto fuhr in 10 Jahren 735 Mio. Meter durch 214 Länder.

KOSMISCHES LINEAL

$10^3 \quad 10^4 \quad 10^5 \quad 10^6 \quad 10^7 \quad 10^8 \quad 10^9 \quad 10^{10} \quad 10^{11} \quad 10^{12} \quad 10^{13} \quad 10^{14}$

METER

HÖCHSTER BERG
Der Mount Everest im Himalaja ist 8848 m hoch, etwa 10-mal höher als der Burj Dubai.

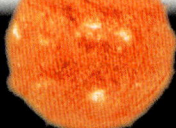

JUPITER
Sein Durchmesser ist 11-mal so groß wie der der Erde.

ENTFERNUNG ZUR SONNE
149 597 887 500 m
(1 Astronomische Einheit)

SONNENSYSTEM
Wäre die Erde erbsengroß, könnte man das 12 Billionen m breite Sonnensystem in 1 Stunde durchwandern.

ERDE
Der Durchmesser der Erde am Äquator ist 12 756 000 m.

WEITESTER NONSTOP-FLUG
Junge Schwalben verbringen bis zu 4 Jahre ununterbrochen in der Luft. Sie fressen und schlafen im Flug. Dabei fliegen sie ohne Pause etwa 800 000 km (8×10^8 m).

Riesige Entfernungen

Im Weltall reicht der Meter als Einheit nicht mehr aus. Astronomen rechnen daher in Astronomischen Einheiten (Astronomical Units, AU), Lichtjahren und Parsek. Eine AU ist die Entfernung Erde–Sonne. Ein Lichtjahr ist die Strecke, die das Licht in einem Jahr zurücklegt. Betrachten wir einen zehn Lichtjahre entfernten Stern im Teleskop, sehen wir, wie er vor zehn Jahren ausgesehen hat, denn das Licht brauchte zehn Jahre für den Weg zu uns.

$$\text{Astronomische Einheit} = 1{,}5 \cdot 10^{11} \text{ m}$$
$$\text{Lichtjahr} = 9{,}46 \cdot 10^{15} \text{ m}$$
$$\text{Parsek} = 3 \cdot 10^{16} \text{ m}$$
$$\text{KILOPARSEK} = 3 \cdot 10^{19} \text{ m}$$
$$\text{MEGAPARSEK} = 3 \cdot 10^{22} \text{ m}$$

GALAXIEN-HAUFEN

Die Milchstraße ist nur eine von vielen Galaxien im Universum. Mit ihren Nachbargalaxien bildet sie einen Haufen (die „Lokale Gruppe"), der 6 Millionen Lichtjahre durchmisst.

VOIDS

Im All gibt es riesige Leerräume ohne Sterne, Gase oder andere Materie. Das größte Void, das bisher entdeckt wurde, hat einen Durchmesser von knapp einer Milliarde Lichtjahren. Niemand weiß, warum diese Leerräume existieren.

MILCHSTRASSE

Millionen von Sternen, darunter das Sonnensystem, bilden die Milchstraße, eine Galaxie mit einem Durchmesser von 100 000 Lichtjahren.

10^{15} 10^{16} 10^{17} 10^{18} 10^{19} 10^{20} 10^{21} 10^{22} 10^{23} 10^{24} 10^{25} 10^{26}

ORIONNEBEL

Diese riesige Gas- und Staubwolke hat einen Durchmesser von 30 Lichtjahren.

Am Ende des Universums?

Wie groß ist das Universum – die größte Ausdehnung, von der wir Menschen wissen? Manche sagen, es sei so groß, wie es alt ist: das wären rund 13,7 Milliarden Lichtjahre. Allerdings dehnt es sich immer weiter aus. Berücksichtigt man dies, sind die Objekte, die wir gerade noch sehen können, wohl 46,5 Milliarden Lichtjahre ($4{,}4 \cdot 10^{26}$ m) entfernt. Und außerhalb der Reichweite unserer Teleskope könnte es noch viel mehr geben. Niemand kann genau sagen, wie groß das Universum ist.

Wie weit kann man sehen?

Die am weitesten entfernten Objekte, die man noch mit bloßem Auge sehen kann, sind entweder die Andromeda-Galaxie (2,5 Millionen Lichtjahre entfernt) oder sogar der Dreiecksnebel (Triangulum-Galaxie) in einer Entfernung von 3,14 Millionen Lichtjahren.

Zur Unendlichkeit und weiter …

Winzig

Früher diskutierten die Philosophen darüber, wie viele Engel auf eine Nadelspitze passen, denn das war etwa das Kleinste, was man sehen konnte. Heute misst man Dinge, die 10 Millionen Mal kleiner sind.

Negative Potenzen

Potenzen können für winzige Zahlenangaben genauso verwendet werden wie für riesige (siehe vorige Seite). Negative Potenzen geben an, wie viele Stellen hinter dem Komma stehen. Drei Zentimeter entsprechen also $3 \cdot 10^{-2}$ Meter.

$$10^0 = 1$$
$$10^{-3} = 0{,}001$$
$$10^{-6} = 0{,}000\,001$$
$$10^{-9} = 0{,}000\,000\,001$$

ROTE BLUTKÖRPER

In einem Tropfen Blut sind 5 Millionen rote Blutkörper enthalten. Sie haben darin gut Platz, denn sie sind nur 7 Mikrometer (7 millionstel Meter oder $7 \cdot 10^{-6}$ m) groß!

KLEINSTER MENSCH

Der Chinese He Pingping ist nur 75 cm ($7{,}5 \cdot 10^{-2}$ m) groß.

KLEINSTES CHAMÄLEON

Ausgewachsene Zwergchamäleons messen nur 3 cm.

DAS SUBATOMARE LINEAL

MILLI-

Kleinster Punkt, der mit bloßem Auge sichtbar ist.

1	10^{-1}	10^{-2}	10^{-3}	10^{-4}	10^{-5}	10^{-6}

METER

KLEINSTES PONY

Thumbelina ist 43 cm groß.

KLEINSTES SCHACHSPIEL

Es ist 2,4 mm ($2{,}4 \cdot 10^{-3}$ m) breit und passt auf einen Nagelkopf. Zum Spielen braucht man eine Pinzette.

Diese Elektronenmikroskop-Aufnahme ist rund 13-mal vergrößert.

MIKRO-

MILLIMETER-MIKROCHIP

Dieser Mikrochip in den Klauen einer Ameise ist nur 1 mm (10^{-3} m) breit.

Forscher mit dem Mikroskop

Der Niederländer Antonie van Leeuwenhoek (1632–1723) beschäftigte sich als Erster wissenschaftlich mit winzigen Dingen. Er untersuchte z. B. den Zahnbelag alter Menschen und war einer der Ersten, der Bakterien sah. Oft wird er als der Vater der Mikroskopie bezeichnet, aber er verwendete nur eine Glaskugel-Lupe. Der Engländer Robert Hooke (1635–1703) hatte Mikroskope. Bekannt ist sein Buch *Micrographia* mit vielen Zeichnungen von Tieren unter dem Mikroskop, darunter Ameisen, deren Füße er anklebte, damit sie nicht wegliefen.

Hookes Zeichnung eines Flohs

Winzige Einheiten

Zum Messen winziger Dinge verwendet man nicht Meter, sondern kleinere Einheiten. Ein Nagelkopf ist etwa 2 tausendstel Meter breit – das sind 2 Millimeter oder 2 Millionen Nanometer. Nanoskopisch kleine Dinge wie Atome werden nur unter Elektronenmikroskopen sichtbar. Diese arbeiten nicht mit Licht, sondern mit Elektronenstrahlen und können etwa 1000-mal stärker vergrößern als normale Mikroskope.

$$1 \text{ ZENTIMETER (cm)} = 0{,}01 \text{ m} = 10^{-2} \text{ m}$$
$$1 \text{ MILLIMETER (mm)} = 0{,}001 \text{ m} = 10^{-3} \text{ m}$$
$$1 \text{ Mikrometer (µm)} = 0{,}000\,001 = 10^{-6} \text{ m}$$
$$\textit{1 Nanometer (nm)} = 0{,}000\,000\,001 = 10^{-9} \text{ m}$$
$$1 \text{ Pikometer (pm)} = 0{,}000\,000\,000\,001 \text{ m} = 10^{-12} \text{ m}$$
$$1 \text{ Femtometer (fm)} = 0{,}000\,000\,000\,000\,001 \text{ m} = 10^{-15} \text{ m}$$
$$1 \text{ Yoktometer (ym)} = 0{,}000\,000\,000\,000\,000\,000\,000\,001 \text{ m} = 10^{-24} \text{ m}$$
$$1 \text{ Planck-Länge} = 0{,}000\,000\,000\,000\,000\,000\,000\,000\,000\,000\,016 \text{ m} = 1{,}6 \cdot 10^{-35} \text{ m}$$

Nanotechnologie

Sobald wir einzelne Atome erkennen und bewegen können, steht uns vielleicht ein nanoskopischer Baukasten zur Verfügung. Hätten wir die Atome unter Kontrolle, könnten wir Dinge theoretisch fehlerfrei Atom für Atom zusammensetzen. In Zukunft gibt es vielleicht Nanoboter: winzige Roboter, die in unseren Adern schwimmen und dort Schäden reparieren und Krankheiten bekämpfen.

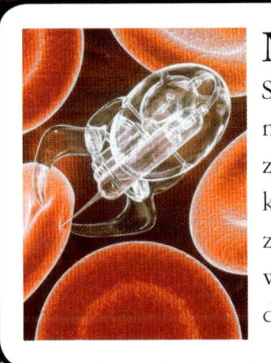

Neutron

Elektron

HELIUM- ATOM
Der Radius (Abstand Mitte–Rand) eines Heliumatoms ist etwa 30 Pikometer. Billionen solcher Atome passen auf eine Nadelspitze.

PROTON
Ungefähr 1 millionstel Nanometer

KLEINSTES RADIO
Das kleinste Radio passt in eine 0,00001 mm (10 nm) breite Röhre. Da lässt sich kein Kopfhörer einstecken!

FINGERNAGEL- WACHSTUM
Fingernägel wachsen 0,5 mm pro Woche oder etwa 1 nm ($8 \cdot 10^{-10}$ m) pro Sekunde.

$$10^{-7} \qquad 10^{-8} \qquad 10^{-9} \qquad 10^{-10} \qquad 10^{-11} \qquad\qquad 10^{-15}$$

NANO-

PIKO-

ATOMKUNST
Ende des 20. Jh. formten Wissenschaftler der Computerfirma IBM mithilfe eines starken Elektronenmikroskops aus 35 Xenonatomen ein 5 nm großes IBM-Logo.

GRIPPEVIRUS
Die Viren, die eine Grippe auslösen, sind 20 Nanometer groß.

Wie klein ist zu klein?

Es gibt eine Grenze, unterhalb derer nichts mehr sinnvoll existieren kann. Die kleinste Maßeinheit ist die Planck-Länge (benannt nach dem deutschen Physiker Max Planck). Nichts kann kleiner sein als die Planck-Länge, die etwa 1020-mal kleiner ist als ein Proton … Nun, nichts außer einem Elektron oder einem Quark oder Lepton. Alle diese „Elementarteilchen" stellt man sich „punktgroß" vor. Da ein Punkt keine Dimensionen hat, könnte man argumentieren, diese Teilchen hätten die Größe NULL!

Planck-Länge $1{,}6 \cdot 10^{-35}$ m

ELEKTRON 0?

Ungewöhnliche

Was wird wohl in *Ruck* gemessen und was ist ein *Googol*, ein *Mickey*, ein *Garn* oder ein *Smoot?* Es folgen nun einige der ungewöhnlichsten und witzigsten Maßeinheiten der Welt. Viel Spaß!

Googol

Der Mathematiker Edward Kasner erfand 1938 das Googol und sein achtjähriger Neffe dachte sich den Namen aus. Es ist eine sehr große Zahl, nämlich eine 1 mit 100 Nullen. Die Suchmaschine Google wurde nach ihr benannt.

VOLUMEN & REINHEIT

Karat (Reinheit)

Warum ist Goldschmuck nicht immer gleich teuer? Weil Gold verschiedene Reinheitsgrade hat, die in Karat angegeben werden: Reines Gold hat 24 Karat. 18-Karat-Gold besteht dagegen z. B. aus 18 Teilen Gold und 6 Teilen anderer Metalle, sodass es nur zu 75% rein ist.

Sydharb

Dies ist eine australische Volumeneinheit für Wasser. Ein Sydharb ist die Wassermenge im Hafen von Sydney (rund 500 Milliarden Liter).

Olympisches Schwimmbecken

Es ist 50 m lang, 25 m breit, 2 m tief und fasst 2,5 Millionen Liter. Diese riesige Volumeneinheit eignet sich für große Mengenangaben. Großbritannien produziert z. B. alle 4 Minuten genug Müll, um ein olympisches Schwimmbecken zu füllen.

Barn

Ein Forscher scherzte einmal, der Uran-Atomkern sei „so groß wie eine Scheune" (engl.: barn) – und so entstand diese Einheit. Dabei ist ein Barn sehr klein, genau gesagt 0,000000000000000000000000001 m^2.

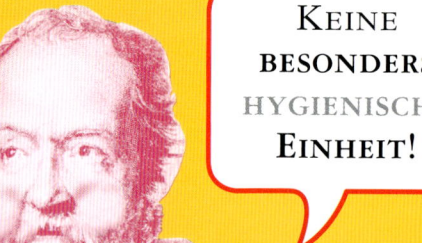

KEINE BESONDERS HYGIENISCHE EINHEIT!

Mundvoll

Ein Mundvoll ist etwa 28 ml. Früher wurden damit kleine Volumen gemessen. Igitt!

GESCHWINDIGKEIT & LEISTUNG

Pferdestärken

Als es noch Pferdekutschen gab, wurde die Zugkraft in Pferdestärken gemessen. Auch heute verwenden wir diese Einheit noch für Autos und Lastwagen, obwohl sie veraltet ist. Die „Eselsstärke" ist dagegen kaum bekannt. Wen es interessiert: Sie beträgt ein Drittel einer Pferdestärke.

Los, du lahmer Esel!

Lichtgeschwindigkeit

Es gibt im ganzen Universum nichts, was sich schneller bewegen kann als das Licht – so lautet ein physikalisches Gesetz. Licht rast mit etwa 1 Milliarde km/h durch den Weltraum. Das ist so schnell, dass es in einer Sekunde siebenmal die Erde umrunden kann. Ganz schön fix!

Knoten

Die Einheit der Schiffsgeschwindigkeit trägt ihren Namen nicht zufällig. Früher warfen Seeleute ein Fass über Bord, das an ein in regelmäßigen Abständen mit Knoten versehenes Seil gebunden war. Mit der Sanduhr zählten sie, wie viele Knoten in einer bestimmten Zeit abgewickelt wurden. Ein Knoten entspricht 1,85 km/h.

Ruck

Hoppla! Wer hat je den Ruck eines Sportwagens gespürt, der plötzlich beschleunigt? Der Ruck gibt die Änderung der Beschleunigung an und wird in Meter pro Kubiksekunde gemessen.

Maße

Diamant: 2 Karat
Gold: 18 Karat

Googol = 10^{100}

Scoville-Skala

Die Scoville-Skala misst die Schärfe von Chilischoten. Da kommen mir die Tränen!

Paprikaschote – 0

Jalapeño – 2500

Cayenne-Chilis – 30 000

Habanero-Chilis – 200 000

Naga Jolokia – 1 000 000 (schärfste Chilischote der Welt)

GRÖSSE

Elle

Die älteste bekannte Längeneinheit wurde schon im alten Ägypten verwendet. Sie entspricht der Länge des Unterarms vom Ellbogen zur Spitze des Mittelfingers.

Gerstenkorn

Eine angelsächsische Einheit, die der Länge eines Gerstenkorns entsprach. Im Mittelalter ergaben drei Gerstenkörner einen Zoll.

1 Korn

Elefantenfolio

Im 19. Jh. gab es die Papiergrößen DIN-A4 oder A5 noch nicht, sondern z. B. Kanzleipapier (42 × 37 cm) oder Elefantenfolio (100 × 64 cm). Wer es besonders beeindruckend mochte, konnte auch auf das größte damals erhältliche Format schreiben: das Doppelelefantenfolio.

Finger und Spann

Mit der Hand kann man besonders leicht messen. Ein Fingerbreit ist 2 cm, eine Spanne 23 cm. Eine Spanne entspricht auch einer halben Elle – jeder kann das ausprobieren!

1 Finger
2 Spanne

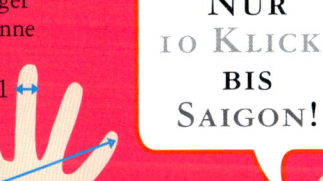

NUR 10 KLICKS BIS SAIGON!

Klick

Amerikanische Soldaten verwenden „Klick" als Abkürzung für „Kilometer". Der Begriff hat sich um 1960 im Vietnamkrieg eingebürgert, wahrscheinlich weil er einfach cool klang!

Furlong (Achtelmeile)

Diese alte englische Einheit bezeichnete die Strecke, die ein Pflug über ein normal großes Feld zog (etwa 201 m). Sie wurde 1985 abgeschafft, wird aber bei Pferderennen manchmal immer noch verwendet.

GEWICHT

Gran   Münze

Gran (Korn)

Das Gran ist eine Gewichtseinheit, die auf dem Gewicht eines Weizen-, Gersten- oder anderen Getreidekorns basierte. Damit wurden lange Zeit kleine, wertvolle Dinge gemessen wie Münzen, Gewehrkugeln oder Schießpulver.

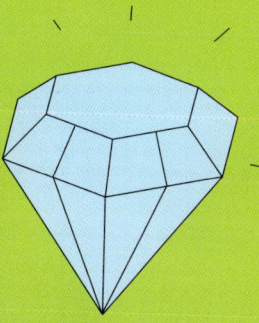

Karat (Gewicht)

Das Maß für das Gewicht von Diamanten und Edelsteinen. Das Wort stammt vom griechischen Namen der Johannisbrotbaumsamen, die im antiken Griechenland als Normgewicht verwendet wurden. Heute ist es als 200 mg definiert.

ZEIT

Atomus

Im Mittelalter bedeutete *atomus* ein „Augenzwinkern", also die kleinste vorstellbare Zeiteinheit. Heute ist es exakt auf ein $\frac{1}{376}$ einer Minute oder rund 160 Millisekunden festgelegt. „Bis in einem Atomus!"

Bartsekunde

Die Länge, die ein Bart pro Sekunde wächst: 5 Nanometer (0,000 005 mm). Diese nicht ganz ernst gemeinte Einheit wird nur von Atomphysikern verwendet, und zwar für die winzigen Strecken, die Atome und subatomare Teilchen zurücklegen. (Nur sie wissen wahrscheinlich, wovon sie sprechen!)

Galaktisches Jahr

Die Zeit, die unser Sonnensystem braucht, um einmal das Zentrum der Milchstraße zu umkreisen, also rund 250 Millionen Jahre. Nach dieser Zeitrechnung bildeten sich die Ozeane, als die Erde vier Jahre alt war, und das Leben entstand, als sie fünf wurde. Heute ist die Erde 18 galaktische Jahre alt, also noch ein Teenager.

Mega-Annus (Ma)

Ein Mega-Annus (1 Ma) entspricht 1 Million Jahre. Es eignet sich für die Beschreibung „geologischer Zeiträume", also der langen Entwicklungsgeschichte der Erde. Die Dinosaurier mussten z. B. vor 65 Ma ins Gras beißen.

Jiffy

Hier gibt es verschiedene Meinungen. Für Computer-freaks ist ein Jiffy ein Tick der Systemuhr, also 0,01 Sekunden, für Physiker ist es die Zeit, die Licht braucht, um eine Strecke der Länge eines Protons zurückzulegen, also unglaublich kurze $3 \cdot 10^{-29}$ Sekunden.

Giga-Annus (Ga)

Ein Giga-Annus oder Giga-Jahr dauert 1 Milliarde Jahre. Die Erde entstand vor 4,57 Ga. Noch beeindruckender, wenn auch ziemlich nurzlos, ist das Tera-Annus (Ta): Es ist 1 Billion Jahre lang, also 70-mal länger als das Alter des Universums.

MOMENT, BITTE!

Moment

Wie lange soll jemand warten, dem man „Moment!" zuruft? Der Moment ist eine mittelalterliche Zeiteinheit und dauert ein Vierzigstel einer Stunde oder 1,5 Minuten.

COMPUTER

Mickey

Ein Mickey (benannt nach der Comic-Figur Mickey Mouse) bezeichnet die kleinste erkennbare Bewegung einer Computermaus, also etwa 0,1 mm.

KAPIERT? 2 NYBBLE ERGEBEN 1 BYTE!

Byte

Computer speichern Informationen im Binärsystem, d. h. in langen Reihen aus den Ziffern 1 und 0. Jede 1 und jede 0 ist ein Bit, und acht Bit ergeben zusammen ein Byte. Der Buchstabe F wird z. B. in einem Byte gespeichert, das aus folgenden Bits besteht: 01000110. Ein Kilobyte sind 1000 Byte, 1 Megabyte sind 1 Million Byte und 1 Tera-byte sind 1 Billion Byte.

Nybble

Ein Byte ist das Maß für eine Informationseinheit, die im Computer gespeichert werden kann (es gibt z. B. Festplatten mit 1 Gigabyte Speicherplatz). Nun, ein Nybble ist ein halbes Byte. (Wenn 1 Byte aus 8 Bit besteht, hat 1 Nybble 4 Bit, alles klar?). Siehe auch Byte.

01000110

PERSONENNAMEN

> **ICH LIESS VIELE SCHIFFE IN SEE STECHEN!**

Warhol

Andy Warhol sagte einmal, dass in Zukunft jeder für 15 Minuten Berühmtheit erlangen könne. Warhol ist daher ein Maß für Berühmtheit. Ein Kilowarhol sind z. B. 15 000 Minuten oder rund 10 Tage Berühmtheit.

Millihelena

Ein Maß für Schönheit. Die schöne Helena (Auslöserin des Trojanischen Kriegs) hatte „das Gesicht, das tausend Schiffe in Bewegung setzte". Die Schönheit, die nötig ist, um ein Schiff in See stechen zu lassen, ist also ein Millihelena.

Smoot

Ein Smoot ist 1,7 m. So groß war der Student Oliver Smoot 1958, als sein Körper bei einem Studentenstreich in Harvard zum Messen der Länge der Harvard Bridge verwendet wurde. Seine Kameraden legten ihn der Länge nach auf die Brücke, markierten die Stelle, an der sein Kopf endete, und fuhren damit fort, bis die Länge mit 364,4 Smoot ermittelt war (plus/minus ein Ohr). Die Markierungen sind heute noch zu sehen.

Garn

Sechzig Prozent der Astronauten leiden in der Schwerelosigkeit an der Weltraumkrankheit. Der weitaus schlimmste Fall war Senator Jake Garn 1985. Ihm war so speiübel, dass sein Name nun bei der NASA als Maßstab für Weltraumkrankheit verwendet wird. Ein Garn ist der höchste Grad an Übelkeit, der erreicht werden kann!

VERSCHIEDENES

Apgar-Test

Dies ist der erste Test im Leben. Jedes Baby wird sofort nach der Geburt untersucht, um zu sehen, ob es gesund ist. Dabei werden Puls, Atmung, Muskelspannung, Reflexe und Hautfarbe begutachtet. Der beste Wert ist 10.

Hobo-Skala

Die Hobo-Skala (Hobo Power) misst Gestank. Sie reicht von 0 (geruchlos) bis 100 (tödlich). Ein dicker Pupser erreicht etwa 13 Hobo, bei 50 Hobo müsste man sich übergeben. Igitt!

Big-Mac-Index

Der Big-Mac-Index wurde von Wirtschaftswissenschaftlern erfunden, um die Kaufkraft verschiedener Währungen zu vergleichen. Wenn ein Big Mac in Deutschland z. B. 1€ und in den USA 2 $ kosten würde und der Umtauschkurs bei 1 € = 1,50 $ läge, hätte der Euro eine höhere Kaufkraft als der Dollar.

Kalorie

In Kalorien (oder Kilokalorien) wird gemessen, wie viel Wärmeenergie bei der Verbrennung der Nahrung freigesetzt wird. Je mehr Energie die Nahrung enthält, desto dicker macht sie. Mit 1 Kilokalorie wird 1 kg Wasser um 1 °C erwärmt.

Schwarm (Flock)

Ein Schwarm umfasst 40 Seemöwen.

Dezibel

> **Chrrrr**
> **Chrrrrrr**
> **Chrrrrrrrrrr**

Die Dezibel-Skala wurde nach dem Erfinder des Telefons (Bell) benannt und misst die Intensität von Schallwellen. Ein Anstieg um 10 Dezibel bedeutet jeweils eine 10-fache Steigerung, sodass ein Ton von 40 dB 1000-mal stärker ist als ein Ton von 10 dB (er klingt aber nur 8-mal lauter).

Bäckerdutzend

Die Zahl 13 ist das Bäckerdutzend. Früher wurden Bäcker hart bestraft, wenn man sie dabei erwischte, die Kunden zu betrügen. Daher packten die Bäcker lieber ein Brot zu viel ein, wenn der Kunde ein Dutzend verlangte. Sicher ist sicher!

Gratis

Die SI-Einheiten

Fast alle Länder der Erde verwenden offiziell das internationale Einheitensystem (SI). Das ist ein großer Vorteil, denn man kann dann z. B. 10-mm-Schrauben, die in Peru hergestellt wurden, auch in der Schweiz verkaufen. Man kann sich darauf verlassen, dass sie passen, weil alle Länder dieselben genormten Maße verwenden.

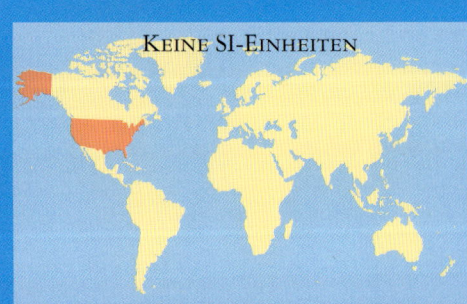

KEINE SI-EINHEITEN

Frankreich erfand das dezimale metrische System vor über 200 Jahren und inzwischen gilt es fast überall. Die USA sind das einzige Land mit einem anderen offiziellen System.

WAS GAB ES VORHER?

Es gab alle möglichen Einheiten mit komplizierten Umrechnungen. 1 Fuß hatte z. B. 12 Zoll, 1 Yard hatte 3 Fuß, 1 Meile war 1760 Yard lang und dazu gab es noch Ruten, Spannen, Ellen, Gerstenkörner usw. Mit diesen scheinbar willkürlich festgelegten und komplizierten Zahlen war das Rechnen wirklich nicht leicht.

Wie soll das funktionieren?

Die alten Maße waren nicht nur kompliziert, sondern auch sehr uneinheitlich. Beispiel Elle: Als sie im Mittelalter in England eingeführt wurde, war sie so lang wie der Unterarm eines Mannes, also rund 57 cm. Später beschloss das Parlament, sie zu verdoppeln. Gleichzeitig war sie in Deutschland 40 cm lang, in Schottland 95 cm und allein in der Schweiz gab es 68 verschiedene Längen, die als Elle bezeichnet wurden. So konnte es nicht weitergehen …

Mein Herr, der Fisch war mindestens eine Elle lang!

Pah! Eine Elle? Das ist ja nur so kurz!

Die Lösung

Das um 1790 entwickelte metrische System vereinfachte die Messungen. Heute wird es als Internationales Einheitensystem (SI) bezeichnet.

Es ist ein einheitliches Set von sieben sogenannten „SI-Basiseinheiten", von denen alle anderen Einheiten (z. B. die Quadratmeter als Flächenmaß) abgeleitet werden.

Der elektrische Strom wird in der Einheit Ampere gemessen.

EINHEIT	SYMBOL	MENGE (WAS WIRD GEMESSEN?)
Meter	m	Länge
Kilogramm	kg	Masse
Sekunde	s	Zeit
Ampere	A	Elektrische Stromstärke
Kelvin	K	Thermodynamische Temperatur
Mol	mol	Stoffmenge
Candela	cd	Lichtstärke

DIE SIEBEN BASISEINHEITEN DES INTERNATIONALEN EINHEITENSYSTEMS

Die metrischen Einheiten, die man in der Schule lernt, wie Liter, Tonne oder Grad Celsius, sind zwar keine offiziellen SI-Einheiten, sie werden aber von dem System akzeptiert.

Zehnersystem

Das metrische System ist ein dezimales System, d. h. die Einheiten lassen sich vergrößern und verkleinern, indem man sie einfach mit einem Faktor von 10 multipliziert. Das ist ein großer Vorteil. Ameisen kann man z. B. nicht in Metern messen, sondern in tausendstel Metern. Um es einfacher auszudrücken, wird den Vielfachen von 10 jeweils eine Vorsilbe zugeordnet. Ein tausendstel Meter ist z. B. ein Millimeter.

VORSILBE	BEDEUTUNG	SYMBOL	AUSGESCHRIEBEN
Tera-	griech.: Ungheuer	T	1 000 000 000 000
Giga-	griech.: Riese	G	1 000 000 000
Mega-	griech.: groß	M	1 000 000
Kilo-	griech.: tausend	k	1000
Hekto-	griech.: hundert	h	100
Deka-	griech.: zehn	da	10
Dezi-	lat.: zehntel	d	0,1
Zenti-	lat.: hundertstel	c	0,01
Milli-	lat.: tausendstel	m	0,001
Mikro-	griech.: klein	µ	0,000 001
Nano-	griech.: Zwerg	n	0,000 000 001
Piko-	span.: winzige Menge	p	0,000 000 000 001

Tödliche *FEHLER*

Als einziges Land der Welt verwenden die USA weiterhin offiziell die „U.S. Customary Units", obwohl auch dort in Wissenschaft und Industrie sehr oft im metrischen System gerechnet wird. Zwei Systeme sind aber nicht nur umständlich, sondern oft auch gefährlich. 1983 erhielt eine Boeing 767 statt 22 600 kg nur 22 600 amerikanische Pfund Treibstoff, also weniger als die Hälfte. Der Pilot schaffte glücklicherweise eine Notlandung, als dann während des Flugs der Treibstoff ausging. Auch Wissenschaftler machen Fehler: Ein Satellit der NASA zerschellte auf dem Mars, weil ein Team in metrischen und ein anderes in U.S.-Customary-Einheiten rechnete.

Die Länge eines Zentimeters hat sich *über 200 Jahre lang* nicht verändert.

Normierung

1792, inmitten der Französischen Revolution, berechneten zwei französische Astronomen den Abstand zwischen Nordpol und Äquator entlang des Meridians, der bei Dünkirchen und Barcelona verläuft, und definierten ihn als 10 Millionen Meter. Durch Teilen dieser Strecke durch 10 Millionen wurde die Länge des Meters festgelegt, der somit zur ersten Einheit des metrischen Systems wurde. 1799 wurden zwei Normkörper aus Platin gefertigt – „Urmeter" und „Urkilogramm" –, die diese beiden Maße festlegten, sodass sie für alle erkennbar und verbindlich waren.

Das Urkilogramm (das um 1880 ersetzt wurde) wird unter Glas in einem Tresor in der Nähe von Paris aufbewahrt. Um zu prüfen, ob ein Gewicht genau 1 kg wiegt, müsste man es mit dem Normgewicht vergleichen – aber die Masse des Urkilogramms hat sich seit seiner Herstellung um etwa 30 µg (30 millionstel Gramm) verringert!

LÖSUNGEN

Landvermessung (Seite 21)
Knobelei

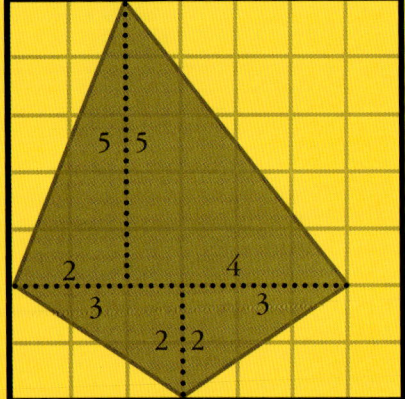

Unterteile die Form in lauter rechtwinklige Dreiecke. Berechne die Fläche der Dreiecke, indem du die Rechteckflächen ausrechnest (Länge mal Breite) und dann halbierst. Die Ergebnisse musst du addieren.

$$\frac{5 \cdot 2}{2} = 5 \qquad \frac{5 \cdot 4}{2} = 10 \qquad \frac{3 \cdot 2}{2} = 3 \qquad \frac{3 \cdot 2}{2} = 3$$

$$5 + 10 + 3 + 3 = \mathbf{21\ cm^2}$$

Körpermaße
(Seite 36–37)

Die Behauptung ist wahr. Zwar haben die meisten Menschen zwei Beine, aber die durchschnittliche Beinanzahl ist niedriger. Es gibt Tausende Menschen mit nur einem oder keinem Bein. Nehmen wir an, die Erdbevölkerung beträgt 6,7 Milliarden Menschen und es gibt 1 Million mit einem und 1 Million mit keinem Bein.
Die Gesamtzahl der Beine ist also:
$(6\,698\,000\,000 \cdot 2) + 1\,000\,000 = 13\,397\,000\,000$
Die Gesamtzahl der Menschen ist:
$6\,700\,000\,000$
Die durchschnittliche Zahl der Beine ist dann:
$13\,397\,000\,000 : 6\,700\,000\,000 = 1{,}9995$
Mit zwei Beinen hast du also überdurchschnittlich viele Beine!

Wiegen (Seite 43)
Gewichtsknobelei

Wenn: 1 Orange + 1 Pflaume = 1 Melone
Und: 1 Orange = 1 Pflaume + 1 Banane
Und: 2 Melonen = 3 Bananen
Wie viele Pflaumen entsprechen einer Orange?
Antwort:
Aus 1 und 2 folgt:
1 Melone = 2 Pflaumen + 1 Banane
Es gilt: 2 Melonen = 4 Pflaumen + 2 Bananen
Und es gilt: 2 Melonen = 3 Bananen
Also sind: 4 Pflaumen = 1 Banane
Also sind: 5 Pflaumen = 1 Orange

Wie schwer ist dein Kopf?
1. Stelle einen bis zum Rand mit Wasser gefüllten Eimer in eine kleine Wanne.
2. Stecke deinen Kopf ganz hinein. Er verdrängt ein entsprechendes Wasservolumen.
3. Das verdrängte Wasser und dein Kopf wiegen etwa gleich viel. Wenn du das Wasser wiegst, weißt du, wie viel dein Kopf wiegt.

DANK

Dorling Kindersley dankt Ria Jones für die Unterstützung bei der Bildrecherche.
Der Verlag dankt den folgenden Personen und Institutionen für die freundliche Genehmigung zum Abdruck von Fotos:
(Abkürzungen: o = oben, go = ganz oben, u = unten, gu = ganz unten, m = Mitte, l = links, r = rechts, gl = ganz links, gr = ganz rechts, Hg = Hintergrund)
9 Corbis: Mike Agliolo (ml). Science Photo Library: National Institute of Standards and Technology (NIST) (ul). 10 Corbis: Richard Bryant / Arcaid (m); Jose Fuste Raga (mr). Getty Images: Ron Dahlquist (mo); Don Klumpp (mgr). 11 Corbis: Bettmann (ur). Getty Images: Jonny Basker (ul). 12 Corbis: Werner Forman (mr). Getty Images: Garry Gay (ml); Image Source (um). 13 Mary Evans Picture Library: (ol). Science Photo Library: Sheila Terry (ml). 14 Science Photo Library: Gary Hincks (ur/Sonne). 15 Science Photo Library: Gary Hincks (ur). 16 Science Photo Library: Mark Garlick (ul). 17 Science Photo Library: Mark Garlick (ur). 19 NASA: Satellite Imaging Corporation (ul). 21 Corbis: Werner Forman (gol). 22 Science Photo Library: (um). 24 Science Photo Library: Sheila Terry (ul). 25 Getty Images: World Perspectives (gol). 31 Corbis: Yann Arthus-Bertrand (mr). 32 Mary Evans Picture Library: (ul). 34 Getty Images: Image Source (um). 35 Corbis: Hanan Isachar (ul). Getty Images: Garry Gay (gol). Science & Society Picture Library: Science Museum. 36 Corbis: David Cumming (mo). TopFoto. co.uk: The British Library / HIP (ml). 37 Getty Images: Garry Gay (ul). DK Images: Science Museum, London (ul). 38-39 Corbis: Roger Ressmeyer (gom). Getty Images: Doug Armand (m). 39 Corbis: Bettmann (ml); Jack Hollingsworth (gom). DK Images: Science Museum, London (mr). 40 Corbis: Art on File (m). iStockphoto.com: Joachim Angeltun (mru); edge69 (mr). 41 Corbis: Roger Ressmeyer (mro). 42 Corbis: Hoberman Collection (mru) (ur). 43 DK Images: Natural History Museum, London (gom). Science Photo Library: (ul). 44 Corbis: (mlu); Mike Agliolo (ml). 45 Bettmann (gol). 46 Science Photo Library: Sheila Terry (ur). 47 Science Photo Library: Maria Platt-Evans (mru). 50 DK Images: National Maritime Museum (ur) (mro/Kepler). Science Photo Library: Maria Platt-Evans (mro/Galileo) (mro/Newton); Sheila Terry (ul). 51 Corbis: TimKiusalaas (ml). 52 Alamy Images: North Wind Picture Archives (mlo). Corbis: Paul Almasy (ur). 53 Corbis: Mike Agliolo (ur); Michael Nicholson (gor). 54 Corbis: (ul). 54-55 Corbis: (m/Hg). 55 Corbis: Bettmann (mu). DK Images:

National Maritime Museum (mo) (um) (m). National Maritime Museum, Greenwich, London: (gom). 56 Science Photo Library: (ml) (ur); Royal Astronomical Society (gur). 57 Corbis: Hulton-Deutsch Collection (ur); Roger Ressmeyer (go). DK Images: NASA (gom). 58 Alamy Images: Classic Image (mu/Columbus). The Bridgeman Art Library: Royal Geographical Society, London, UK (gol) (mu/Boot). Corbis: Bettmann (ul). iStockphoto.com: Julien Grondin (Hg). 59 Alamy Images: Classic Image (gol). 60 Getty Images: Ted Kinsman (gol). Science Photo Library: (gor). 61 Corbis: Randy Faris (ul); Martin Gallagher (gol). 62 Getty Images: Ted Kinsman (ur). iStockphoto.com: Ted Grajeda (ul). 63 Corbis: Hulton-Deutsch Collection (mr). iStockphoto.com: Ted Grajeda (gor). NASA: NASA, ESA and The Hubble Heritage Team (STScI/AURA) / J. Biretta (ur). Science Photo Library: National Institute of Standards and Technology (NIST) (um) (mr/Porträt). 64 Corbis: Bettmann (ml). Getty Images: Dougal Waters (mr/Hände). 65 Alamy Images: Elmtree Images (um/Zug). DK Images: NASA / Finley HolidayFilms (ur/Spaceshuttle); Toro Wheelhorse UK Ltd (ul/Lawnmower). Getty Images: AFP (gur/Erdbeben); Andy Ryan (gul/Läufer). 67 Alamy Images: Realimage (mru). Corbis: Chris Collins (Fön); Martin Gallagher (ur); Image Source (Teekessel); LWA-Stephen Welstead (Leuchtstofflampe); Lawrence Manning (Kühlschrank); Radius Images (Laptop); Jim Reed (gor); Tetra Images (Glühlampe) (m). 68 Corbis: (mru); Lawrence Manning (mru/Thermometer). NASA: (um). 68-69 Science Photo Library: Sheila Terry (mu). 69 NASA: (um). Wikimedia Commons: (mru). 70 Science Photo Library: Chris Butler (u). 70-71 Science Photo Library: Pekka Parviainen (go). 71 Science Photo Library: Eckhard Slawik (u). 72 Science Photo Library: (ur). 74 Corbis: Bettmann (u). 75 DK Images: The British Museum (mr). Science Photo Library: Hank Morgan (mro). 76 Corbis: David Arky (ul/Violine). Getty Images: (ul); Arctic-Images (gol). 77 Corbis: Randy Faris (mlo). 78 Alamy Images: nagelestock.com (ul). Science Photo Library: Gregory Dimijian (ml). Chris Woodford: (mlu). 79 Getty Images: (ur). Science Photo Library: Lande Collection / American Institute Of Physics (gol); NOAO / AURA / NSF (ul). 80 Getty Images: Mads Nissen (ul). Science Photo Library: David A. Hardy (mro). 81 Corbis: Frans Lanting (gol). Getty Images: Paul & Lindamarie Ambrose (mr); Dr. Robert Muntefering (um). 82 Alamy Images: Arco Images GmbH (um). Corbis: NASA/JPL-Caltech (mru); William Radcliffe/Science Faction (ul) (mlu) (mru). Getty Images: AFP (mlo); Paul Joynson Hicks (mlo); Travel Ink (mlu). 83 Corbis: Tony Hallas/Science Faction (ul); Myron Jay Dorf (gol). Getty Images: Jack Zehrt (um). Science Photo Library: David Parker (ur). 84 Corbis: Sarah Rice/Star Ledger (mlu). Getty Images: FilmMagic (ml); Popperfoto (ul). Ben Morgan: (mlu/Schachset). Science Photo Library: Alexis Rosenfeld (ml); Andrew Syred (mru). Wikimedia Commons: (ur). 84-85 DK Images: 3D4Medical.com (um). 85 Corbis: Matthias Kulka/zefa (gul/Virus). Getty Images: Image Source (ml); Gabrielle Revere (ul). Image originally created by IBM Corporation: (mlu). Science Photo Library: Coneyl Jay (mlo). 86 Getty Images: artpartner-images (mlo); Erik Dreyer (ur); Chad Ehlers (ul); FPG (mr). 88 Alamy Images: imagebroker; The Print Collector (ml). Corbis: Tetra Images (ur). DK Images: Anglo-Australian Observatory (gom). Getty Images: De Agostini (mr). 89 Alamy Images: Classic Image (gol); The Print Collector (mru). Science Photo Library: Sheila Terry (ul). 90 Getty Images: David Muir (ur). Science Photo Library: Andrew Lambert Photography (ul). 90-91 iStockphoto.com: Björn Magnusson (go). 91 Alamy Images: Mint Photography (mr). Getty Images: AFP (ur). 93 Science Photo Library: (ur)

Cover: Vorn: NASA (om).
Alle anderen Abbildungen © Dorling Kindersley
Weitere Informationen unter: www.dkimages.com

REGISTER